AF474528

J LEMAIRE 1967

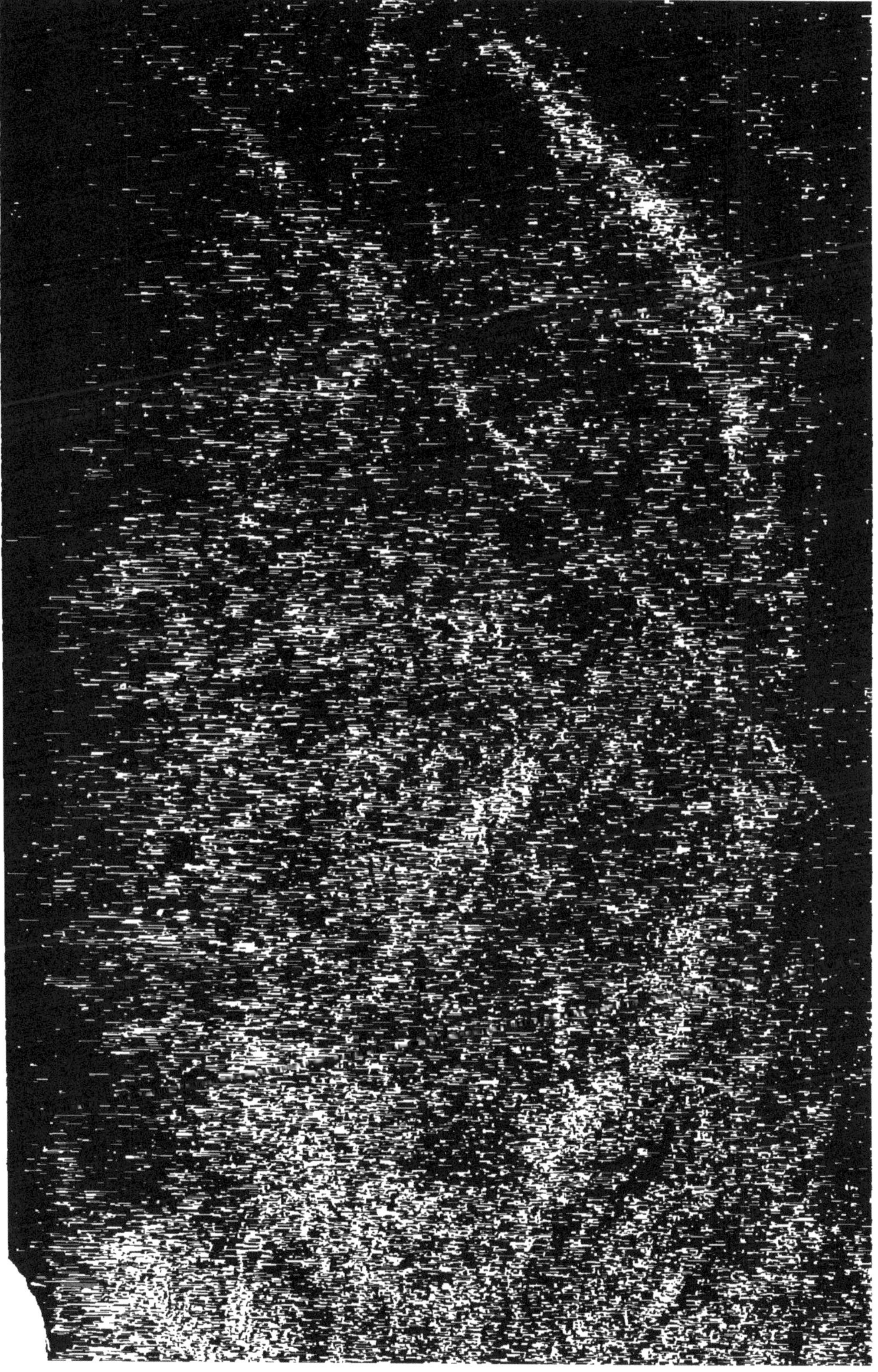

BIBLIOTHÈQUE

DE

LA JEUNESSE CHRÉTIENNE

APPROUVÉE

PAR Mgr L'ARCHEVÊQUE DE TOURS

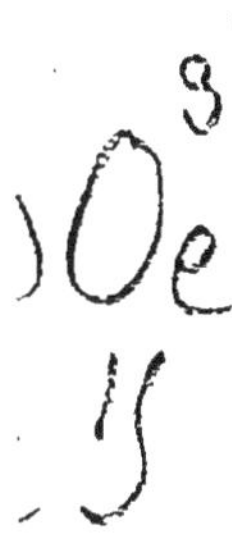

VOYAGES EN ABYSSINIE ET EN NUBIE

RECUEILLIS ET MIS EN ORDRE

PAR HENRI LEBRUN

Auteur des *Voyages au Pôle nord*, *dans l'Afrique centrale*, etc.

CINQUIÈME ÉDITION

TOURS

Ad MAME ET Cie, IMPRIMEURS-LIBRAIRES

1851

VOYAGES

EN ABYSSINIE

ET EN NUBIE

CHAPITRE I.

Géographie et Histoire naturelle de l'Abyssinie.

L'Abyssinie, partie la plus méridionale de l'Éthiopie (*Æthiopia supra Ægyptum* des anciens), s'étend depuis le 7° jusqu'au 15° de latitude boréale, et du 32° au 41° de longitude ; elle a environ deux cent vingt lieues du nord au sud, et autant de l'est à l'ouest. Bornée au nord par le Sennaar et par les immenses forêts du Changalla, au sud et à l'ouest par le territoire des différentes tribus Galla, elle est encore bordée dans une partie de ses frontières de l'est par les mêmes tribus, tandis que dans l'autre elle s'étend jusqu'à la mer Rouge. Sous le rapport de la géographie physique, l'Abyssinie est divisée en deux parties parfaitement distinctes, séparées l'une de l'autre par une chaîne de montagnes qui court parallèlement à la mer Rouge, laissant entre elle et cette mer un espace de quinze à vingt lieues de large sur cent de long, d'Arkeko à la baie d'Azab; c'est ce qu'on devrait nommer la basse Abyssinie, tandis que tout le reste porterait le nom de haute Abyssinie. Mais cette division, parfaitement tranchée par un phénomène dont nous parlerons bientôt, n'est pas adoptée dans le pays. La partie qui borde la mer Rouge s'appelle le *Denkali*, et les tribus de pasteurs qui l'habitent, *Donakil.* La portion septentrionale du Denkali prend le nom de *Samhar*, et ses habitants, celui de *Choho.* On appelle encore tout ce pays, *Pays des pasteurs.*

Le territoire de l'Abyssinie est ensuite partagé en deux grandes divisions, dont chacune a sa langue particulière; l'une de ces divisions, qui s'étend de la chaîne des montagnes au Tacazé, est le Tigré, tandis que l'Ambara va de cette rivière jusqu'au pays des Galla. Chacune de ses provinces principales se subdivise en plusieurs petites provinces que nous allons successivement examiner.

Lorsque, après être sorti de Massaouah, on a traversé le Samhar, on entre dans ce qui constituait jadis le gouvernement du Bahar-Negous (rois de la mer). Les voyageurs modernes nomment encore le gouverneur Bahar-nagash, mais il a beaucoup perdu de son influence; c'était autrefois la troisième personne du royaume.

La province qui vient ensuite, et qui peut être regardée comme la seconde de l'Abyssinie pour l'étendue, la puissance et les richesses, c'est le Tigré, proprement dit. Elle est limitrophe au pays du Bahar-Negous, bornée au levant par le fleuve Mareb, et par le Tacazé au couchant ; elle a environ cent vingt mille de l'est à l'ouest, et deux cents du nord au sud. Les gouvernements d'Enderta et d'Antalen, du Siré et une grande partie de celui du Bahar-Negous, réunis à la province du Tigré, constituent la grande division de ce nom, sur laquelle régnait, en quelque sorte, le ras Michaël pendant le séjour de Bruce en Abyssinie.

Après avoir traversé le Tacazé, on entre dans l'Amhara, où l'on trouve d'abord la province du Sémen, presque entièrement composée d'une vaste chaîne de montagnes escarpées, qui s'étend du midi du Tigré jusqu'à l'Oualdubba, pays enfoncé et brûlant, dernière frontière de l'Abyssinie de ce côté.

Au nord-est du Tigré est la province du Beghemder, séparée de l'Amhara proprement dit, par le fleuve Bachilo, et bordée à l'occident par le Nil. Gondar, capitale du royaume, est dans cette province.

L'Amhara proprement dit est limité de trois côtés par des rivières : le Bachilo au nord, le Nil à l'occident, le Geshen au sud.

Entre le Geshen et le Samha est la province

d'Oualaka, basse, malsaine, et pourtant fertile; au nord elle s'appuie sur le royaume de Choa.

Le Gojam, qui s'étend du nord-est au sud-est, est un pays presque plat, couvert de pâturages, et l'un des plus riches de l'Abyssinie; il est enclavé par le Nil et par le grand lac Dembéa, qui donne en particulier son nom à la portion du territoire qui le borde. Au nord du Gojam est le Damot, et plus loin, le pays des Agous, qui ne dépend pas de l'Abyssinie.

Au nord est la province de Kouara, qui ferme la frontière des Changalla. Enfin le Naréa, le Ras-el-Fil et le Tchelga forment une autre province frontière, couverte d'immenses forêts et entièrement peuplée de mahométans presque aussi barbares que les Changalla dont ils sont destinés à empêcher les invasions.

Tel était l'état de l'Abyssinie en 1770; depuis, de grands changements s'y sont opérés; nous aurons occasion de les faire connaître plus tard.

Les montagnes dont nous avons parlé, et qui traversent le pays des pasteurs, divisent les saisons d'une manière bien remarquable. Tandis que le côté de l'est faisant face à la mer, est inondé de pluies pendant les six mois qui font notre hiver en Europe, le côté de l'ouest jouit d'un soleil toujours pur et d'une végétation active; puis, pendant les six mois de notre été, le côté de l'ouest des montagnes est surtout exposé à des pluies continuelles, et le côté de l'est profite des avantages dus à l'action bienfaisante du soleil ; alors le pasteur de l'est fait paître ses nombreux troupeaux dans des prairies couvertes de la plus riche verdure, et quand la saison change, il quitte la place, et, traversant les montagnes, il se hâte d'aller profiter des mêmes ressources.

Un autre phénomène, conséquence inévitable de ces pluies, force surtout les pasteurs à abandonner des lieux où elles tombent en si grande abondance. Aussitôt que la saison pluvieuse a commencé, partout où il y a de la terre grasse, il naît des essaims innombrables de mouches, d'une espèce particulière, qu'aucun naturaliste n'avait décrite avant Bruce. Cet insecte, nommé *zimb*, est un peu plus gros qu'une abeille et d'une forme moins allongée. Ses ailes, plus larges que celles de l'abeille et séparées comme les ailes d'une mouche ordinaire, sont formées d'une membrane qui ressemble à de la gaze, sans aucune teinte ni variété de couleur. Le zimb a la tête grosse; la partie supérieure de sa bouche est tranchante, et se termine par un poil très-fort et pointu, d'environ un quart de pouce de longueur; la partie inférieure est également armée de deux poils semblables; et ces trois poils, joints ensemble, résistent presque autant au doigt qu'une soie de cochon. Les jambes de cet insecte sont inclinées en dedans, extrêmement velues et d'une couleur brune.

Aussitôt que la mouche paraît et qu'on entend son bourdonnement, tous les bestiaux cessent de paître et courent égarés dans la plaine jusqu'à ce qu'ils tombent morts de terreur, de fatigue et de faim. On ne peut remédier à ce fléau qu'en se hâtant d'abandonner la terre noire et de conduire les troupeaux dans les sables, où on les laisse pendant toute la saison des pluies, leur cruel ennemi n'osant jamais les poursuivre jusque-là.

Ce qui rend le pasteur capable de faire ces longs et pénibles voyages au travers de l'Afrique, c'est le chameau, que les Arabes nomment pompeusement le *navire du désert.* Mais bien qu'il soit d'une grande taille et d'une force étonnante, que sa peau soit très-épaisse et défendue par un poil dur et serré, il lui est impossible d'endurer les piqûres du zimb; et dès qu'il paraît, il ne faut pas perdre de temps pour mener les chameaux dans les sables; car, s'il est attaqué par la mouche, son corps, sa tête et ses jambes se couvrent de grosses tumeurs qui s'excorient, se putréfient, et font bientôt périr le malheureux animal. L'éléphant et le rhinocéros qui, en raison de leur masse énorme, ont besoin chaque jour d'une grande quantité de pâture et d'eau, ne peuvent pas fuir dans le désert; mais ils se roulent dans la vase, qui, en se desséchant, forme une espèce de cuirasse, et les rend capables de résister à leur ennemi ailé.

La basse Abyssinie est nue et brûlée par le soleil;

maïs, au delà des montagnes, l'élévation du sol et l'abondance des eaux assurent à la haute Abyssinie un climat bien plus doux que sa situation dans la zone torride ne semblerait le comporter. La neige et la grêle n'y sont même point rares. Ce pays est placé tout entier dans les limites des pluies tropicales, et est sujet aux violents orages dont elles sont toujours accompagnées.

La végétation est magnifique presque partout; plusieurs cantons sont couverts de forêts; dans certaines vallées, on rencontre des bois naturels de limoniers et de citroniers; les câpriers, les figuiers, les tamariniers et diverses espèces d'acacia croissent dans les contrées moyennes; on y trouve le caféier à l'état sauvage. L'aspect de la verdure rappelle fréquemment l'Europe, et la vue se repose souvent, comme chez nous sur des vignes, des chèvrefeuilles, des rosiers. Dans les champs les habitants cultivent le froment, l'orge, le millet, le tef, et une espèce de bananier. Ils ont aussi de beaux jardins plantés d'arbres à fruits, de légumes, de fleurs les plus belles et les plus suaves.

Les animaux y sont très-variés. Dans les vallées basses et boisées, on trouve des éléphants et des rhinocéros à deux cornes, comme ceux du Cap; il paraît que la girafe n'est pas étrangère à l'Abyssinie, mais on ne sait pas au juste dans quelle partie elle habite. Dans les provinces du midi il y a des zèbres; mais ils sont farouches et rares. Les lions, diverses sortes de léopards, les panthères et les hyènes y sont fort nombreux; l'Abyssinie nourrit aussi des singes, des gazelles, des buffles, des sangliers, et bien d'autres espèces encore. Ses rivières, et principalement le Tacazé, renferment des crocodiles et des hippopotames. Les chameaux sont fort en usage dans le désert qui borde la côte; mais à mesure qu'on avance dans les montagnes, on remarque que, pour les transports, on les remplace par des bœufs et des mulets. Le Choa fournit des chevaux fort estimés. Les bœufs de l'Abyssinie sont célèbres par l'énorme ampleur de leurs cornes, qui atteignent jusqu'à quatre pieds de longueur. Il y a aussi des troupeaux de chèvres et de moutons, des oiseaux de basse-cour et des pigeons domestiques. Les oiseaux de proie du genre des vautours y sont très-nombreux, tandis que les chanteurs y sont en petit nombre. L'Abyssinie est infestée de serpents qui arrivent à des proportions prodigieuses. Ils n'épargnent pas plus l'homme que les animaux. Coffin en a tué un tout jeune qui avait quarante pieds de long.

Parmi les insectes, les abeilles fournissent du miel en abondance; et les sauterelles, fléau des récoltes dans l'Afrique centrale, sont recherchées par les Abyssiniens, qui trouvent cette nourriture saine et agréable.

CHAPITRE II.

Coup d'œil sur l'histoire de l'Abyssinie. — Voyageurs qui ont précédé Bruce : Covillan, Bermudez, Paëz, Almeyda, Mendez, Poncet.

Les Abyssiniens conservent une tradition qui est également reçue par les chrétiens et par les juifs, c'est que, peu de temps après le déluge, Cush, petit-fils de Noé, passa par la basse Égypte alors inhabitée, traversa l'Atbara, et vint jusqu'aux terres élevées qui séparent le pays enfoncé des hautes montagnes de l'Abyssinie; les Abyssiniens disent encore que les enfants de Cush bâtirent la ville d'Axoum, quelque temps avant la naissance d'Abraham. Bientôt après ils retournèrent sur leurs pas et envoyèrent des colonies dans l'Atbara.

Pendant que les Cushites s'étendaient vers le nord, il est probable que les montagnes parallèles à la mer Rouge, pays qui dans tous les temps a porté le nom de Saba ou d'Azaba (mots signifiant également le Sud), étaient peuplées des Agauri ou pasteurs qui occupèrent les premiers le Tigré. Plusieurs autres tribus demeuraient dans les autres provinces, et quelques-unes conservent encore un idiome particulier.

La réunion de toutes ces tribus est connue depuis les plus anciens temps sous le nom d'Habesh, en latin *Cavenæ*, ce qui signifie un grand nombre de personnes qui se rencontrent accidentellement dans un endroit; de là est venu le nom d'Abesh, que plusieurs écrivains ont donné à l'Abyssinie.

Le pays de Saba formait un royaume particulier, qui était gouverné par une reine et jamais par un roi. Une de ces reines, nommée Belkis par les Arabes, et Makeda par les Abyssiniens, ayant entendu parler de la sagesse du roi Salomon, fit le voyage de Jérusalem pour s'instruire à ses leçons, ainsi qu'on le lit dans le troisième livre des Rois, chapitre X.

De retour dans son royaume, la reine de Saba mit au monde un fils nommé Menilek, que, suivant les chroniques abyssiniennes, elle envoya à Salomon afin de le faire instruire. Le grand roi ne négligea rien pour l'éducation de cet enfant; Menilek, parvenu à l'âge d'homme, fut oint et couronné roi d'Éthiopie dans le temple de Jérusalem, et prit le nom de David. Il revint ensuite à Saba, où il introduisit une colonie de Juifs, parmi lesquels étaient plusieurs docteurs de la loi de Moïse, un de chaque tribu d'Israël; il avait aussi avec lui le fils du grand prêtre Zadok, lequel apporta une copie de la loi qui resta confiée à sa garde. Toute l'Abyssinie fut bientôt convertie au judaïsme, et le gouvernement de l'Église, comme celui de l'État, fut entièrement modelé sur ce qui était alors en usage à Jérusalem.

La reine de Saba mourut 985 ans avant l'ère chrétienne, après un règne de quarante ans; son fils lui succéda, et ses descendants occupent encore le trône.

On conserve la liste des rois qui ont succédé à Menilek, mais elle est incomplète, contient de grandes lacunes, et n'offre qu'une stérile nomenclature. Il faut donc passer par-dessus 1300 ans pour arriver à un événement de la plus haute importance, à la conversion des Abyssiniens au christianisme, conversion qui s'opéra avec des circonstances extraordinaires.

Au commencement du quatrième siècle de notre ère, un philosophe, nommé Métrodore, avait entrepris divers voyages en Perse et dans l'Inde; à son retour il avait offert à Constantin le Grand, des pierres précieuses et plusieurs objets de curiosité qu'il avait rapportés de ses courses. Enhardi par le succès de Métrodore, Méropius de Tyr, qui s'occupait aussi de philosophie, résolut de marcher sur ses traces, et partit accompagné de ses deux neveux Frumentius et Edesius; mais, arrivés dans un port de la mer Rouge, les naturels du pays se précipitèrent sur leur navire, et massacrèrent tous ceux qui tombèrent entre leurs mains. Cependant les barbares, touchés de la jeunesse de Frumentius et d'Edesius, les épargnèrent, et les conduisirent au roi d'Abyssinie, qui résidait alors à Axoum.

Ce prince conçut pour eux le plus vif attachement;

tout le temps de sa vie il les couvrit de sa protection, et à sa mort leur donna la liberté. Son fils Abréha étant mineur, le régent chargea les deux blancs de l'éducation du jeune prince. Frumentius, qui jouissait d'une grande considération, voulut profiter de son influence pour convertir l'Abyssinie au christianisme; il instruisit son élève dans sa croyance et conçut l'espoir de devenir l'apôtre de ces contrées; mais un obstacle s'opposait à l'exécution de son dessein : il n'avait pas reçu les ordres sacrés.

Frumentius ne voulut pas pour cela renoncer à son entreprise; il quitta l'Abyssinie et se rendit auprès de saint Athanase, qui occupait le siége épiscopal d'Alexandrie; il fit part à ce prélat du but de son voyage, et celui-ci le sacra évêque d'Axoum. Frumentius, surnommé Abba Salama (le père du salut), revint en Abyssinie; il baptisa Abreha et les principaux personnages de la cour; une grande partie du peuple ne tarda pas à suivre l'exemple de son chef, et les catholiques grecs formèrent la majorité de la population du pays. Cependant les Juifs étaient encore fort nombreux, car il existait en Abyssinie un peuple particulier nommé *Falaska*, qui se prétendait issu d'ancêtres venus avec la reine de Saba; il se choisit un roi indépendant, qui plaça le siége de sa royauté sur les hautes montagnes du Sémen. Le roi a toujours porté le nom de Gédéon, et la reine celui de Judith : une Judith, qui régnait vers l'an 900, tenta de s'emparer du trône d'Abyssinie; elle fit massacrer tous les membres de la famille royale relégués à Devra-Damo; car, par suite d'une coutume introduite par la reine de Saba, dès qu'un roi monte sur le trône, tous ses frères sont confinés sur cette haute montagne d'où ils ne peuvent jamais sortir. Judith, ayant donc exterminé toute la race royale, mit sur sa tête la couronne, malgré les lois fondamentales du royaume; elle fut assez forte pour se maintenir pendant quarante ans et pour transmettre son pouvoir à sa postérité; mais, après une suite de cinq rois, il passa de nouveau à une famille chrétienne.

« Pendant que j'étais en Abyssinie, dit Bruce, le roi et la reine de Falaska s'appelaient encore Gédéon et Judith; leur population s'élevaient encore à cent mille hommes effectifs. Ils payent les taxes qu'on leur a imposées, et on les laisse paisiblement se gouverner à leur manière au milieu des hautes montagnes du Sémen; ils ont choisi pour leur capitale un de ces rochers que la nature semble avoir disposés exprès pour servir de forteresse, et cet endroit porte le nom de Roc-Juif. »

Mais la race royale n'avait pas été complétement détruite; un des princes était parvenu à s'échapper et à se réfugier dans le Choa, qu'il gouverna ainsi que sa postérité : vers 1258 le moine Técla Haimanout, qui avait le titre d'abouna, c'est-à-dire chef de l'Église, fonda le célèbre monastère de Devra-Libanos dans la province de Choa; en sa qualité d'évêque, il dirigeait spirituellement toutes les églises chrétiennes. C'était un homme remarquable à la fois par la sainteté de ses mœurs, par l'étendue de son esprit et par son amour pour son pays; ayant acquis une grande influence sur le roi, il résolut de profiter de son ascendant pour rétablir la famille des anciens rois, et il y réussit; depuis, cette race n'a jamais cessé d'occuper le trône.

L'Abyssinie chrétienne avait des relations avec Jérusalem, et dans la cité sainte il y avait même un couvent abyssinien, car nous voyons que Nicodème, supérieur de ce couvent, envoya des députés au concile de Florence en 1439.

Les rapports flatteurs que les prêtres abyssiniens firent à Jérusalem sur les États de l'Orient et sur le commerce de leur pays avec eux, excitèrent d'abord la curiosité des savants, et ensuite engagèrent les princes portugais à envoyer des agens dans les régions orientales. C'est à l'un de ceux-ci, nommé Pierre Covillan, que sont dues les premières relations de l'Europe avec l'Abyssinie. Covillan parvint en 1490 à la cour, qui résidait alors dans le Choa, et il ne revit plus l'Europe, car d'après une loi de l'Abyssinie, dès qu'un étranger a mis le pied sur le territoire, il n'en peut plus sortir. Covillan, résigné à cet exil, se maria, parvint aux premiers emplois, conserva une grande faveur sous plusieurs princes, et engagea l'eleghé Helena (c'est le titre de la reine mère) à envoyer un ambassadeur en Portugal.

La cour de Lisbonne fit accompagner Matthieu par une ambassade composée de personnes de différents états. François Alvarez, secrétaire et chapelain de la légation, demeura six ans dans le pays; et, laissant deux de ses compagnons en otage, il partit avec un nouvel envoyé du roi, dont l'arrivée en Europe fit concevoir à la cour de Rome l'espérance de réunir l'Abyssinie à la communion catholique, et les différents ordres religieux saisirent avec empressement cette occasion d'étendre les lumières de la vraie foi.

Dans le même temps, l'Abyssinie fut sur le point d'être subjuguée par un féroce musulman nommé Mohammet Gerago. Dans cette crise, le roi David III expédia Bermudez, un des deux Portugais restés à sa cour, solliciter les secours du roi de Portugal, promettant en retour de reconnaître la supériorité du pape. Bermudez ayant été, en 1540, élevé à la dignité de patriarche d'Éthiopie par Paul III, retourna en Abyssinie avec quatre cents hommes, commandés par Christophe de Gama. Ce secours changea la face des affaires; les efforts des braves guerriers, qui souffrirent cruellement dans cette lutte où ils périrent presque tous, délivrèrent l'Abyssinie des attaques des musulmans.

Vers la même époque, Ignace de Loyola, fondateur de la Compagnie de Jésus, voulut se rendre en Abyssinie; mais le pape, jugeant sa présence en Europe plus utile pour la sainte cause de la foi catholique, envoya deux membres de la société en qualité de missionnaires. Nunez Baretto mourut dans l'Inde, mais Oviedo arriva en Abyssinie au commencement de 1557; il y demeura le reste de sa vie, faisant faire à la religion catholique de grands progrès, par sa prudence, sa magnanimité et sa patience, qualités qui lui valurent un respect universel. Ce vénérable patriarche mourut en 1577; pendant son séjour, les Galla se rendirent très-formidables par leurs excursions dans les provinces méridionales, et les Turcs s'étant emparés de Massaouah, l'accès du pays devint très-difficile. Cependant, en 1599, un religieux animé d'un saint zèle, Belchior de Sylva, s'y introduisit déguisé en fakir, et y demeura jusqu'en 1603, époque à laquelle Pierre Paëz arriva en Abyssinie. Paëz, qui montra beaucoup plus d'habileté qu'aucun de ses prédécesseurs, acquit en peu de temps un grand ascendant sur le roi Za-Denguel, le convertit au catholicisme, et le détermina à écrire au saint-père pour reconnaître son autorité. Sous le règne suivant, Paëz accomplit le grand dessein qui avait été si longtemps l'objet des pieux efforts des Jésuites : le roi Socinios proclama solennellement son adhésion à la religion catholique romaine. Mais Paëz ne jouit pas longtemps de son succès; le 16 mai 1623, il mourut avec de grandes marques de piété et de résignation.

Paëz avait été sept ans captif chez les Mores

d'Arabie, et dix-neuf ans missionnaire en Abyssinie dans les temps les plus difficiles; mais il s'était toujours tiré des situations les plus périlleuses à son honneur et à l'avantage de la religion. Il était de haute taille, d'une forte constitution, mais extrêmement maigre, à cause de son abstinence et de ses travaux continuels. Il avait le teint fort animé, ce qui provenait, dit un historien, du zèle pieux qui enflammait son cœur.

Indépendamment de ce qu'il connaissait parfaitement la théologie et tous les livres qui avaient rapport à sa profession, Paëz entendait très-bien le latin, le grec, l'arabe; il était bon géomètre, excellent mécanicien; il travaillait toujours de ses mains, et, en bâtissant, se montrait aussi bon ouvrier qu'architecte plein de jugement et de goût. Il s'était rendu lui-même peintre, sculpteur, maçon, charpentier, menuisier, maréchal, carrier, et était en état d'élever des couvents et des palais, de les orner et de les meubler sans avoir besoin d'appeler un seul homme à son secours.

A tant de talents divers, Paëz joignait une affabilité, une douceur, une sensibilité qui ne lui permirent jamais de converser, même avec des infidèles, sans se faire des amis. Mais le trait le plus distinctif de son caractère, c'était le zèle et la patience qu'il montrait pour l'instruction de la jeunesse. Aussi la plupart de ses disciples périrent dans la persécution qui suivi sa mort, ardents à maintenir la vérité de cette religion que leur précepteur leur avait enseignée; il fut universellement regretté, et sa mort fut une perte pour le catholicisme.

Au mois de décembre 1623, le père Almeyda et quelques autres missionnaires pénétrèrent dans une province de l'Abyssinie. Almeyda y demeura dix ans, et ne se mêla en rien des affaires religieuses et politiques du pays.

Don Alphonse Mendez est le dernier patriarche envoyé par le pape en 1625. C'était un homme doué d'un grand courage et d'une rare constance, mais dont, à ce qu'il paraît, le caractère n'était pas propre à lui faire prendre les mesures de conciliation nécessaires pour faire persister les Abyssiniens dans la foi qu'ils venaient d'embrasser. L'influence de la religion catholique romaine était parvenue à son plus haut degré en 1628, et il n'y avait pas moins de dix-neuf jésuites en Abyssinie.

La conduite de leur patriarche et le zèle inconsidéré de leurs protecteurs occasionnèrent un soulèvement qui bientôt renversa tous leurs projets. Socinios, lui-même, fut forcé de renoncer à la religion romaine, et son fils, en lui succédant en 1632, bannit le patriarche et ses coopérateurs. Deux missionnaires, ayant eu le courage de rester pour exercer leur saint ministère, furent exécutés publiquement en 1640.

Les mesures sévères contre les Européens continuèrent à s'exécuter rigoureusement : en 1648, un vaisseau anglais aborda à Souakin, où trois frères mineurs de l'ordre de Saint-François, envoyés par la propagande, furent mis à mort pour avoir tenté de pénétrer dans l'intérieur. Trois autres, qui, en 1674, furent découverts en Abyssinie, périrent également victimes de leur zèle.

Une circonstance ouvrit à un médecin français l'entrée de ce pays, fermé depuis soixante-dix ans aux Européens. En 1698, Iassous Ier, attaqué d'une maladie cutanée qui avait résisté à tous les remèdes, chargea un de ses facteurs au Caire, de trouver un médecin qui pût le guérir. Maillet, consul de France, lui indiqua Poncet, établi dans cette ville depuis plusieurs années. Ce dernier partit le 10 juin accompagné du P. Brevedent, qui passait pour son domestique, et ils entrèrent en Abyssinie par la voie de Sennaar. Le P. Brevedent mourut à Barko; Poncet lui-même fut retenu douze jours par une maladie dans cette petite ville, éloignée d'une demi-journée de Gondar, qu'il atteignit enfin le 21 juillet 1699. Il réussit à guérir le roi en fort peu de temps. Poncet se conforma aux instructions du consul, en emmenant avec lui un Arménien nommé Mourat, neveu d'un chrétien de même nom, qui depuis longtemps jouissait de la confiance du roi. Le prince reconnut publiquement Mourat pour son délégué auprès du roi de France, et lui fit remettre les présents destinés à Louis XIV. Poncet sortit de

Gondar le 2 mai 1700, et descendit à Massaouah, où il s'embarqua.

Quand il fut au Caire avec Mourat, Maillet se brouilla avec celui-ci, et par suite avec le médecin, qu'il desservit et calomnia, de sorte que, quoiqu'il eût été présenté à Louis XIV, après son retour en France, la réalité de son voyage fut suspectée ; mais Bruce lui a rendu pleinement justice. Poncet, découragé, quitta Paris, retourna dans le Levant, et mourut en Perse, en 1708.

Malgré ses non-succès, la congrégation de la propagande ne renonça pas à ses vues sur l'Abyssinie, car, en 1701, elle y envoya trois nouveaux missionnaires. D'abord bien reçus par le roi, ils furent obligés de partir après un séjour de neuf mois, pour éviter une mort certaine.

Telles étaient les diverses tentatives exécutées par les Européens pour visiter l'Abyssinie, quand Bruce arriva dans ce pays ; c'est en réalité le premier voyageur qui y ait pénétré dans le seul but de connaître ces peuples, bien dignes de fixer l'attention des Européens.

CHAPITRE III.

ROBERT BRUCE. — (1769-1775.)

§ I. Portrait de Bruce. — Arrivée à Massaouah, le Tarenta, Dixan, Axoum, Gondar.

James Bruce, Écossais d'origine, après avoir voyagé dans presque tous les pays de l'Europe méridionale pour ses affaires commerciales, forma le projet de découvrir les sources du Nil, dès que sa fortune le mettrait en état de tenter une semblable entreprise. Le hasard le mit en relation avec un ministre éclairé, qui lui proposa d'aller explorer les côtes de la Barbarie, promettant, s'il réussissait, de l'aider dans sa grande entreprise. Bruce accepta avec plaisir cette mission, et fut nommé consul à Alger, afin d'avoir plus de facilités. Après avoir demeuré plusieurs années en Algérie, il acquit une connaissance approfondie de la langue arabe, et fit assez de progrès dans l'étude de la médecine et de la chirurgie pour pratiquer ces sciences utilement. Il se rendit en Égypte; sa science l'ayant mis à même de rendre des services à Ali-Bey, gouverneur du Caire, il acquit cette haute protection qui lui fut d'un grand secours par la suite. Bruce remonta le Nil jusqu'à Syène, et voyant qu'il lui serait impossible de pénétrer en Abyssinie par Sennaar, il revint sur ses pas, traversa le désert, s'embarqua à Kosseyr, navigua sur la mer Rouge jusqu'au détroit de Bab-el-Mandeb, et enfin arriva à Massaouad le 17 septembre 1769. C'est à dater de ce moment que commence le récit de ses aventures, que nous allons analyser; mais auparavant nous allons faire connaître la personne de ce célèbre voyageur.

Bruce était alors âgé de trente-neuf ans : de haute taille, d'une figure agréable et d'une apparence imposante, il était doué d'une grande force physique soutenue par une puissante énergie. Astronome habile, il était familier avec les observations les plus délicates de cette science. Sans être un dessinateur exercé, il maniait assez bien le crayon, pour retracer fidèlement les objets qui frappaient ses yeux. Son teint bruni par le soleil, l'aisance avec laquelle il portait le costume arabe, et sa facilité à parler la langue, tout en lui semblait indiquer un Africain. Bien muni d'argent et de lettres de crédit, il avait obtenu en outre un firman du grand-seigneur, de nombreuses lettres de recommandation d'Ali-Bey, du patriarche grec d'Alexandrie, et de Métical-aga, premier ministre du chef de la Mecque. « La seule chose que ces lettres demandassent pour moi, dit Bruce, c'était la sûreté de ma personne; elles disaient que j'étais médecin (yagoubé), mais bien au-dessus de pratiquer mon art pour de l'argent : tout ce que j'en faisais n'était que par la crainte de Dieu, par charité et par amour du genre humain. Elles ajoutaient que j'étais un médecin dans la ville, un soldat sur le champ de bataille, distingué en tout lieu, et me conduisant en homme qui savait lui-même qu'il n'était pas indigne de marcher l'égal des premiers de la cour d'Abyssinie, et qui devait être l'étranger et l'hôte du roi, qualité qui fait jouir à Gondar de beaucoup de considération. »

Ce fut en septembre 1769 que Bruce aborda à Massaouah, accompagné d'un Italien, nommé Belaguni, qui lui servait de dessinateur, et dont il ne parle qu'une seule fois pour noter sa mort. Massaouah est une petite île située vis-à-vis d'Arkeko, première ville de l'Abyssinie; cette île est gouvernée par un naïb, qui s'est en quelque sorte rendu indépendant du grand-seigneur et du roi d'Abyssinie; sa position le met à même de rançonner tous ceux qui arrivent en Abyssinie, car Massaouah est le seul endroit par où l'on puisse y pénétrer du côté de la mer Rouge; on le laisse exercer ses exactions moyennant promesse d'un tribut qu'il paye également à la Mecque et à Gondar. L'officier envoyé par le chérif pour toucher ce tribut était arrivé quelque temps avant Bruce; en quittant Djeddah, port de la mer Rouge, où la compagnie des Indes expédie chaque année de nombreux vaisseaux, cet officier, ayant été témoin des honneurs rendus par les capitaines anglais à leur compatriote, en fit, suivant la coutume des hommes de sa nation, un récit plein d'exagération, et annonça au naïb l'arrivée d'un prince, proche parent du roi d'Angleterre, ne faisant pas le commerce, mais voyageant seulement pour le plaisir de visiter les nations étrangères. On délibéra souvent dans le conseil du naïb sur la réception à faire à un semblable personnage : plusieurs furent d'avis de le tuer et de partager ses dépouilles ; Achmet, neveu du naïb, déclara qu'il voulait qu'on l'accueillît et qu'on le traitât avec distinction, jusqu'à ce qu'on eût pu juger par l'examen de ses lettres ce qu'il était et le véritable objet de son voyage ; que s'il venait pour faire commerce, il ne consentirait pas qu'on lui fît la moindre insulte ; mais que, s'il était un de ces Francs destinés à troubler la tranquillité du pays, on en ferait ce qu'on voudrait, et il ne s'en mêlerait nullement.

Telle était la situation des choses quand le vaisseau se présenta devant l'île ; Mahomet Giberti, autre agent du chérif de la Mecque et dévoué aux intérêts de Bruce, qu'il accompagnait par ordre de son maître, descendit immédiatement à Siris ; comme il était Abyssinien et qu'il avait des amis à Massaouah, il expédia dans la nuit les lettres importantes dont Bruce était porteur pour le ras Michaël et le roi d'Abyssinie ; ces lettres furent envoyées à Janni, Grec de naissance et confident du ras, résidant à Adoua, capitale du Tigré. C'était à lui que le patriarche avait écrit pour recommander Bruce, et pour qu'il veillât à ce que le naïb ne lui fît aucun mal avant que son arrivée fût connue à Gondar.

Bruce débarqua le 20 septembre : le naïb était à Arkeko, mais son neveu était chargé de le représenter et de veiller au payement des droits dus pour la cargaison. Pendant cette formalité, qui eut lieu sur la place publique, Achmet fit apporter le café, ce qui était très-rassurant pour le voyageur, car, dès qu'un musulman vous offre à boire et à manger, vous pouvez considérer votre sécurité comme assurée.

Dans la soirée, Achmet vint vers Bruce et le questionna beaucoup ; mais le voyageur, au lieu de répondre, lui fit cadeau d'une belle paire de pistolets, présent qui produisit plus d'effet que les discours les plus éloquents.

Lorsque le naïb revint d'Arkeko, il était accompagné de trois ou quatre cavaliers et de quarante sauvages presque nus, à pied, et armés de lances et de coutelas : le redoutable naïb était vêtu d'une vieille robe turque, trop courte pour sa taille, et portait sur la tête un ridicule turban.

Bruce, admis en sa présence, trouva un homme dont le physique répondait parfaitement au caractère qu'on lui accordait, et jugea qu'il aurait bien des difficultés à obtenir la permission d'entrer en

Abyssinie; ces craintes redoublèrent quand il vit avec quel dédain ce chétif gouverneur recevait les lettres de ses supérieurs. L'audience fut courte et peu favorable.

Pendant plus d'un mois Bruce attendit, non sans impatience, la détermination du naïb, qui finit par lui demander une forte somme pour le laisser partir; l'Anglais s'y refusa obstinément, convaincu qu'en cédant il ne ferait qu'augmenter les prétentions du naïb. Une circonstance faillit devenir fatale à notre voyageur : depuis son arrivée, une comète se montrait chaque nuit, déjà il l'avait observée à Loheia, et continuait à suivre sa marche; le naïb envoya chercher le savant, et dès l'abord lui demanda ce que signifiait cette comète, et pourquoi elle paraissait : « La première fois qu'on l'a vue, dit-il, elle a fait mourir plus de mille personnes de la petite vérole; on sait que vous avez eu des entretiens avec elle, chaque nuit, pendant tout le temps que vous avez été à Loheia; elle vous a suivi ici pour détruire sans doute le reste de mes sujets, et vous la conduisez en Abyssinie ! Qu'avez-vous affaire de cette comète? » Sans attendre une réponse, un des assistants dit que l'étranger était un ingénieur, qu'il allait joindre Michaël pour lui enseigner à fabriquer des canons et à faire de la poudre, et que le premier usage qu'il en ferait serait d'attaquer Massaouah. A ces mots, cinq ou six sauvages entourèrent le voyageur et se disposaient à l'immoler, mais un autre s'écria : « Je ne souffrirai pas qu'on lui fasse aucun mal; Achmet est l'ami de cet homme, il m'a recommandé de veiller sur lui, et il serait ici lui-même s'il n'était pas malade. »

Bruce se retira immédiatement, et trouva un émissaire d'Achmet, qui le priait de venir à Arkeko pour essayer de le guérir. Le naïb n'osa pas se refuser à cette visite. Achmet souffrait réellement d'une fièvre intermittente d'un mauvais caractère; les premiers soins de Bruce furent suivis de succès, et Achmet chercha à lui prouver sa reconnaissance.

L'occasion s'en présenta bientôt; les lettres envoyées à Janni avaient produit l'effet qu'il en attendait, et trois émissaires du roi, porteurs d'une lettre sévère de Michaël, arrivèrent à Massaouah; Michaël se plaignait vivement de ce qu'on avait retardé le départ du médecin que Métical-Aga envoyait au roi, et il ordonnait de le faire partir sans le moindre délai. Le vieux naïb n'osa plus mettre d'obstacles à la sortie de Bruce; mais, rusé jusqu'à la fin, il lui donna pour guide son propre beau-frère, qui aurait, sans aucun doute, causé la perte de Bruce, si Achmet ne lui eût pas lui-même donné un autre guide dont il était sûr, avec la recommandation de suivre uniquement ses conseils. Bruce embrassa son ami, et partit le 12 novembre.

Dès le lendemain, Bruce s'engagea dans la chaîne de montagnes que, suivant l'avis d'Achmet, il devait traverser, quoique cette route fût bien plus difficile que celle que l'autre guide voulait lui faire prendre. La petite troupe marchait dans un défilé si étroit, qu'il n'offre d'autre passage que celui que s'est ouvert un torrent pendant la saison des pluies. En suivant le cours du ravin, au milieu de montagnes peu élevées, mais stériles et remplies de précipices affreux, ils rencontrèrent une troupe de Choho avec leurs femmes et leurs enfants, qui conduisaient leurs troupeaux dans les pâturages du bord de la mer.

Ces pasteurs n'ont ni tentes, ni maisons, mais ils habitent tantôt des cavernes dans les montagnes, tantôt sous des arbres, ou dans de petites huttes bâties en forme de cône avec une herbe assez semblable au roseau. Les hommes n'ont pour tout vêtement qu'une peau de chèvre qui flotte sur leurs épaules, et un simple caleçon descendant à peine au milieu des cuisses; les femmes portent de longues chemises de coton retenues par une ceinture de cuir. Bruce salua celui qui paraissait être le chef; mais il ne reçut aucune réponse; la présence des étrangers semblait causer beaucoup d'inquiétude à ces pasteurs habitués à être dépouillés; aussi passèrent-ils rapidement.

Le soir on campa près du lit d'un torrent, et l'on fut assailli par un orage; voici les expressions de la narration : « La rivière dont nous avions suivi les bords n'avait aucune espèce de courant, mais tout à coup nous entendîmes dans les montagnes, au-dessus de nous, un bruit bien plus terrible que celui de la foudre. Soudain nos guides coururent vers le bagage, qu'ils transportèrent sur une hauteur voisine; et à peine eurent-ils achevé, que nous vîmes les eaux, ayant plus de cinq pieds de haut, se précipiter avec une extrême rapidité, et remplir tout le lit de la rivière. Elles étaient chargées d'une espèce de terre qui leur donnait une couleur rouge; elles débordèrent bientôt, mais sans atteindre pourtant jusqu'à notre tente. »

En quittant ce lieu, Bruce traversa une plaine couverte de mimosas, et entra dans la vallée de Dobora, coupée par un ruisseau; cette vue lui causa un plaisir inexprimable, c'était la première eau claire qu'il voyait depuis qu'il avait quitté la Syrie. Pendant que sa troupe prenait quelque repos, Bruce s'écarta un peu pour aller se baigner dans un petit étang, quoique plusieurs huttes annonçassent la présence des Hazortas, sur le territoire desquels on était, mais les sauvages ne parurent pas faire plus d'attention à lui que s'il eût demeuré toute sa vie avec eux; ce manque de curiosité semble indiquer un peuple sauvage et semblable à celui de la Nouvelle-Hollande. Les Hazortas sont d'une taille plus petite que les Choho; mais ils sont très-actifs: leur peau est couleur de cuivre neuf; ils habitent des cabanes couvertes d'une peau de bœuf, et semblables à des cages, où deux personnes tout au plus peuvent se tenir.

Le 19, Bruce campa à Tobo. « Là, dit-il, les montagnes étaient très-élevées, à pic et remplies de précipices; malgré cela, Tobo nous parut la plus agréable station que nous eussions encore vue, parce que les arbres étaient bien garnis de feuilles et nous donnaient une ombre épaisse et délicieuse; ils étaient plantés de telle sorte, qu'ils semblaient avoir été disposés par la nature pour servir de retraite aux voyageurs. Chaque branche était couverte d'oiseaux aux mille couleurs, mais muets. D'autres oiseaux d'un plumage moins brillant fixaient encore plus notre attention par l'harmonie de leur chant; ce ramage particulier à l'Afrique est aussi différent de celui de nos linots et de nos chardonnerets, que la langue anglaise l'est de la langue abyssinienne. »

Le lendemain la caravane commença à gravir les hauteurs qui servent de base au Taranta, puis enfin le mont lui-même, point culminant de cette chaîne; on suivait un sentier si étroit, qu'un homme avait de la peine à y passer en ne portant que son havresac et ses armes. Il paraît que Bruce a singulièrement exagéré les difficultés que présente cette route, car les voyageurs qui l'ont parcourue depuis lui la présentent comme un de ces passages qu'on trouve ordinairement dans les montagnes. Nous ne parlerons donc pas des dangers imaginaires qu'il dit y avoir courus.

La première ville qui se rencontre de l'autre côté

du Taranta est Dixan, sous la domination du naïb de Massaouah; mais, à peu de distance, un petit ruisseau sert de limite entre son territoire et celui du Tigré; là, les officiers du roi renvoyèrent les guides du naïb, et Bruce, enfin délivré de ses craintes, jouit de la tranquillité qui l'avait abandonné depuis son entrée à Massaouah.

Dans la journée, notre voyageur rencontra le Bahar-Negous, qui venait au-devant de lui pour lui faire honneur, et qui consentit à céder à Bruce un magnifique cheval noir; nous mentionnons cette circonstance bien minime, parce qu'au moyen de ce cheval il attira l'attention du roi par ses talents en équitation.

Sur la route, on trouva un bois très-clair où il y avait de l'avoine sauvage qui dépassait la tête d'un homme; la plaine était très-étendue, le sol excellent, cependant peu cultivé, parce qu'il règne une animosité si invétérée entre les habitants des divers villages qui la bordent, qu'ils vont toujours labourer et semer les armes à la main; quand vient le moment de la récolte, il faut souvent livrer bataille, et ce ne sont pas toujours ceux qui ont cultivé la terre qui en recueillent les produits.

Le 5 décembre, Bruce traversa le fleuve Mareb, et le lendemain il arriva à Adoua, résidence habituelle du ras Michaël. Cette ville est située sur le penchant d'une colline, à l'occident d'une petite plaine environnée de tous côtés par de hautes montagnes. Le nom d'Adoua, qui signifie passage, lui a été donné à cause de sa situation, car c'est le seul endroit par où l'on puisse passer pour aller du bord de la mer Rouge à Gondar.

La ville contient huit cents maisons; chacune d'elles est entourée de haies et d'arbres; elle n'était point anciennement la capitale du Tigré, mais elle la devint lorsque le ras Michaël fut nommé au gouvernement de cette province. La maison habitée par Michaël n'est nullement distinguée des autres, si ce n'est par son étendue; elle ressemble plus à une prison qu'à un palais. Bruce y vit plus de trois cents malheureux chargés de chaînes, et auxquels on ne voulait qu'extorquer de l'argent; plusieurs y étaient depuis vingt ans. La plupart, renfermés dans des cages de fer, étaient traités comme des bêtes féroces.

Aussitôt son arrivée, Bruce fut reçu par le Grec Janni auquel il était recommandé par le patriarche d'Alexandrie. « Janni, dit-il, nous fit traverser une cour remplie de jasmins, et nous conduisit dans un grand salon où il y avait un sopha d'étoffe de soie, et dont le parquet était couvert de tapis de Perse et de piles de carreaux. La cour qui entourait l'appartement était jonchée de fleurs et de feuillages; les fenêtres et le pourtour de la chambre même en étaient ornés, en l'honneur de la fête de Noël qui s'approchait. Je m'arrêtai à la porte du salon, parce que j'avais les pieds couverts de sang et de boue, et qu'il est très-malhonnête, en Abyssinie, de parler de ses pieds et de les montrer, surtout lorsqu'on y a mal. On fit soudain apporter de l'eau pour me les laver, et mon respectable hôte voulut me rendre lui-même ce service. Quand, à force de sollicitations, j'eus obtenu qu'il s'en dispensât, les domestiques se disputèrent entre eux à qui aurait cet honneur, parce que la coutume est de laver les pieds de ceux qui viennent du Caire, et qu'on croit avoir été en pèlerinage à Jérusalem. »

Les soins affectueux de Janni se renouvelèrent chaque jour, pendant tout le temps que Bruce fut retenu à Adoua par suite des événements politiques. Le ras Michaël, mécontent du vieux roi Hannès, qui ne voulait pas suivre aveuglément ses volontés, l'avait fait emprisonner et avait placé le jeune Técla Haïmanout sur le trône de son père; une guerre civile avait été la suite de ce changement et durait encore; le voyageur fut obligé d'attendre que le calme fût un peu rétabli, et ne put quitter Adoua que le 17 janvier.

Pendant son séjour, il visita les restes du fameux couvent des Jésuites à Fremona, situé sur une montagne très-élevée, et au milieu d'une plaine opposée à celle où l'on voit Adoua; ce couvent a environ un mille de circonférence, et des murs en pierre cimentés par du mortier; dans les angles et sur les côtés sont des tours qui lui donnent plutôt l'apparence d'un château fort que d'une maison religieuse.

Le sol des environs d'Adoua est d'argile blanche mêlée avec du sable; il est très-fertile puisqu'on y fait trois récoltes par an. Le bétail erre à son gré dans les montagnes : les pasteurs mettent le feu, avant les pluies, aux herbes, aux joncs, aux bruyères, et soudain la plus charmante verdure tapisse la terre.

Enfin Bruce partit le 17 janvier 1770, et le lendemain il était à Axoum, autrefois capitale de l'Abyssinie. Les ruines y sont très-étendues et très-belles, si l'on en croit la description qu'il donne; mais malheureusement elle a été contredite par Salt et tout récemment par nos compatriotes MM. Combes et Tamisier, ce qui nous autorise à la passer sous silence.

En sortant d'Axoum, Bruce traversa un pays rempli de tous côtés de jasmins et d'autres arbustes fleuris qui embaumaient l'air. Toute la campagne offrait un aspect magnifique que la beauté du temps relevait encore. Pendant ce trajet, il fut témoin d'une scène que nous allons rapporter, quelque invraisemblable qu'elle paraisse.

« Nous rencontrâmes, dit-il, trois voyageurs qui conduisaient devant eux une vache; ils avaient une peau de chèvre noire sur leurs épaules, et la lance et le bouclier à la main. Bientôt après nous arrivâmes sur le bord d'une rivière; les soldats saisirent leur vache et la jetèrent rudement à terre. L'un s'assit sur son cou, la tenant par les cornes; l'autre lui lia les pieds de devant, et le troisième, qui portait un couteau à la main, au lieu de le lui enfoncer dans la gorge, se mit à califourchon sur son dos, et, à mon grand étonnement, lui donna un grand coup au bas de la croupe.

« Dès l'instant que j'avais vu renverser cette vache, j'avais espéré que les trois hommes étaient disposés à nous en vendre une partie; mais nos Abyssiniens me dirent qu'ils avaient appris, en causant avec les trois soldats, qu'ils ne la tueraient point, et qu'ils ne pouvaient pas la vendre parce qu'elle ne leur appartenait pas en entier. Cela excita ma curiosité; je laissai mes gens aller devant, et je vis que les soldats avaient à la main deux morceaux de la cuisse de l'animal; j'ignore comment ils les avaient coupés, parce que, dès le moment que j'avais vu donner les coups de couteau à la pauvre vache, j'avais détourné les yeux; mais, quoi qu'il en soit, ces gens-là s'y prirent fort adroitement, et, après avoir coupé les deux morceaux de la viande, ils les étendirent sur un de leurs boucliers.

« L'un de ces soldats continuait à tenir les cornes de la vache, tandis que les autres arrangeaient la blessure. ils ne firent pas non plus cette opération d'une manière ordinaire : ils laissèrent entière la peau qui recouvrait l'endroit où ils avaient coupé de la chair, et la rattachèrent avec de petits morceaux de bois qui leur servirent d'épingles. Je ne sais pas s'ils mirent quelque chose entre la peau et la chair, mais ils recouvrirent bien toute la blessure avec de la boue, après quoi ils forcèrent l'animal à se lever, et ils le firent marcher devant eux, pour qu'il pût leur fournir, sans doute, un nouveau repas quand ils auraient joint leurs camarades. »

Lorsque Bruce raconta cette anecdote à ses amis, tous l'engagèrent à la supprimer; mais il ne voulut jamais y consentir, regardant comme une injure les soupçons qu'on élevait sur ce qu'il disait avoir vu de ses propres yeux; cependant la suite a prouvé la justesse de leur observation, car les critiques se sont emparés de ce fait, invraisemblable selon eux, pour contester la véracité de sa narration. Nous allons citer un passage du voyage de Pearce, rapporté par Salt, et qui répond d'une manière victorieuse aux ennemis de Bruce.

« Pearce partit avec des soldats du Lasta, qui allaient en maraude; dans le cours de la journée, ils s'emparèrent de plusieurs pièces de bétail, avec lesquelles ils retournèrent au camp. Ils avaient grand faim, et il leur restait encore beaucoup de chemin à faire; un d'entre eux proposa aux autres de couper le *shoulada* d'une des vaches. Pearce ne comprit pas d'abord le sens de ce mot, mais il ne l'ignora pas longtemps; la proposition ayant été acceptée, on saisit l'animal par les cornes, on le jeta à terre, et on lui coupa à la croupe, près de la queue, deux morceaux de la chair, qui, ensemble, pouvaient peser une livre. Les soldats replacèrent la peau sur chaque blessure, à laquelle ils appliquèrent de la bouse de vache; ensuite ils chassèrent l'animal devant eux, et en même temps ils se partagèrent ces tranches de viande toutes saignantes; ils en offrirent à Pearce, mais il n'accepta pas leur offre; il avait cependant une telle faim, que si la vache avait été tuée, il en eût mangé la chair crue, ce qu'il n'avait jamais pu faire, quoique ce soit une coutume générale dans le pays. Après cette opération, la vache fut un peu boiteuse, mais elle n'en regagna pas moins le camp. Je dois déclarer, ajoute Salt, que chaque fois que j'ai prononcé le mot shoulada à un Abyssinien, il m'a facilement compris. »

Le 26, après être passé par Siré, la plus grande ville du district de ce nom, Bruce arriva au principal gué du Tacazé, le fameux Sirès des anciens et le second fleuve de l'Abyssinie. Dans cet endroit il n'avait que trois pieds de profondeur et deux cents pas de large; il est vrai qu'on était dans la saison où la plupart des rivières de l'Abyssinie sont à sec et cessent de couler.

Les bords du Tacazé sont couverts de tamariniers et de beaucoup d'autres arbres; le poisson, qui abonde dans ce fleuve, y attire une grande quantité de crocodiles, et ces animaux sont si voraces et si audacieux, que quand le fleuve hausse, on ne peut le traverser que sur des radeaux ou avec des peaux de bouc remplies de vent; les personnes qui se hasardent à le passer à gué sont le plus souvent dévorées. Les eaux du Tacazé servent également de retraite à une foule d'hippopotames, qu'on appelle dans le pays *goumari*. Des lions et des hyènes remplissent les bois du voisinage, et les caravanes sont souvent inquiétées par ces carnassiers, qui rodent sans cesse autour des tentes, attirés par l'odeur des chevaux et des mulets.

Près d'Adderkai, Bruce eut à soutenir contre les hyènes un combat qu'il décrit ainsi : « Les hyènes dévorèrent pendant la nuit une de nos meilleures mules; ces féroces animaux sont là en très-grand nombre, ainsi que les lions, dont les rugissements terribles et continuels épouvantaient tellement nos pauvres bêtes, qu'elles n'osaient même pas manger leur fourrage; je portai plus loin les piquets de ma tente, et je fis placer nos animaux en dedans. J'ôtai les clochettes du cou des mules, et les suspendis aux cordes de la tente; le bruit qu'elles faisaient et la blancheur des cordes écartèrent de nous les lions, qui sont sans doute audacieux, téméraires, mais pourtant soupçonneux; ils se contentèrent donc de rugir au loin dans les bois.

« Les hyènes étaient plus difficiles à éloigner que les lions; j'en tirai une de si près, que je crus l'avoir tuée; je la manquai, elle grinça des dents et s'avança fièrement vers moi; comme mon fusil était à deux coups, je lâchai le second, et cette fois j'étendis l'hyène. Yasine (1) et ses gens en tuèrent une autre.

(1) Yasine était un Maure qui avait demandé à Bruce la permission

à coups de pieux. Ces animaux s'approchaient de nous avec autant de tranquillité que des chiens.

« Cependant ce n'était pas encore là ce qui nous incommodait le plus; de grosses fourmis noires, d'un pouce de longueur au moins, sortaient du fond de la terre, et mettaient en charpie nos couvertures de laine, notre tente, nos ceintures et tout ce qu'elles pouvaient attraper. Leur piqûre causait une inflammation soudaine et une douleur bien plus vive que la piqûre d'un scorpion.

« Nous partîmes d'Adderkai le 4 février; pendant que nous nous occupions à charger le bagage, une hyène, que nous n'avions pas aperçue, s'attacha à un des ânes d'Yasine, et lui arracha presque toute la queue. Un jeune domestique se saisit de mon fusil et tira sur l'animal, au moment qu'Yasine tenant un des pieux de la tente courait au secours de son âne; il reçut le coup sur la main gauche entre le pouce et l'index. Heureusement le fusil n'était chargé que d'une seule balle qui glissa sur sa main. L'hyène lâcha l'âne, mais fit face à Yasine, qui, sans s'amuser à choisir des armes, lui donna un si rude coup sur la tête, qu'il l'abattit, après quoi nos compagnons l'achevèrent bientôt.

« Ce qui prouve l'excessive voracité des hyènes, c'est que les cadavres de celles que nous tuions dans

de voyager avec lui; et comme celui-ci lui avait rendu service, en faisant exempter ses marchandises des droits de passe, il était devenu son ami le plus dévoué.

la nuit étaient dévorés le lendemain matin par les autres. »

Depuis le passage du Tacazé, Bruce n'avait rencontré que des campagnes désertes. Celles qu'il voyait alors lui offraient un tout autre aspect. Les plaines étaient couvertes d'arbustes fleuris, tels que des jasmins et des rosiers de plusieurs espèces, mais dont une seule porte des roses odorantes. Un grand nombre d'habitants qui allaient et venaient animaient cette scène. Le 8 la caravane montait le Lamalmon : « Parvenus au sommet, dit le narrateur, nous vîmes avec étonnement une vaste plaine, dont la plus grande partie était en culture et le reste en pâturages; on y trouve plusieurs sources, et il semble que c'est là le grand réservoir d'où sortent la plupart des rivières qui arrosent cette portion de l'Abyssinie. Là, on laboure, on sème, on moissonne dans toutes les saisons; et quand le cultivateur ne fait pas trois récoltes par an, il doit s'en prendre à sa paresse, mais non au sol ni au climat. Nous vîmes dans un endroit des gens qui coupaient des blés; dans un champ voisin d'autres labouraient; à côté de celui-ci, il y avait des blés dont les épis commençaient à se former, et plus loin, d'autres blés qui n'avaient qu'un pouce de hauteur.

« Tout ce pays était excessivement peuplé. Des troupeaux immenses de buffles paissaient de tous côtés. Ces animaux avaient de grandes cornes, avec des bosses sur le dos comme des chameaux, et leur poil était généralement d'un beau noir. »

Enfin le 15 février, quatre-vingt-quinze jours après son départ de Massaouah, Bruce, qui avait résisté aux fatigues et aux dangers de ce long et pénible voyage avec une patience admirable, eut la satisfaction d'entrer à Gondar, capitale de l'Abyssinie.

§ II. Séjour de Bruce en Abyssinie. — Excursion aux sources du Nil. — Aventures qui lui arrivèrent jusqu'au moment où il quitta définitivement Gondar.

Gondar est situé dans une plaine, au sommet d'une montagne assez élevée; Bruce évalua sa population à dix mille familles. Les maisons sont en roseaux et ont le toit conique. A l'extrémité ouest de la ville est le palais du roi, édifice carré, flanqué de tours, du haut desquelles on a une vue magnifique. Une grande partie du palais avait été récemment détruite par le feu, mais beaucoup d'appartements étaient intacts, et celui où le roi donnait ses audiences avait plus de cent vingt pieds de long.

Le palais et les édifices contigus étaient environnés d'un mur de pierre de vingt pieds de haut, et surmonté d'un parapet; chaque côté du carré était long d'un mille et demi. De l'autre côté de la rivière Angerebest, se trouve la ville des Musulmans, qui contient environ un millier de maisons; au nord est le palais de Koscam, habitation de l'eteghé ou reine mère.

MM. Combes et Tamisier donnent de Gondar la description suivante : « Gondar est bâti sur un petit môle de montagnes désolées ; c'est une ville fracassée, mais elle offre encore des restes de son ancienne grandeur. Les constructions portugaises se présentent dans une imposante majesté parmi les chaumières qui les environnent. La ville proprement dite est sur le sommet d'une colline ; sur le penchant et au pied se trouvent les faubourgs ; celui des Musulmans est au sud-ouest du palais occupé par le roi. A dix minutes vers le nord-ouest, au milieu de magnifiques bosquets, on aperçoit encore des édifices délabrés, et une belle église couverte de peintures et dédiée à la sainte Vierge ; les châteaux ont conservé leurs ponts-levis et leurs fossés. Lorsqu'on jette un coup d'œil sur les débris de l'habitation royale que les Abyssiniens laissent dépérir, en contemplant les fontaines taries et les jardins abandonnés, on éprouve un sentiment de tristesse comme à l'aspect d'un mausolée. Dans l'intérieur de la ville, au dehors, de tous côtés, on admire des massifs d'arbres qui embellissent encore cette capitale. Gondar était autrefois renommé pour ses richesses et pour son étendue ; mais depuis les guerres civiles, le pillage, l'incendie, ont constamment resserré ses limites, et sa population, jadis si nombreuse, s'élève à peine à six mille habitants ; dans la ville et aux environs, on compte quarante-deux églises. »

Bruce, arrivé sur le bord de la rivière, et ne voyant venir à sa rencontre aucun de ceux auxquels il était adressé, ne savait quel parti prendre; heureusement Janni l'avait recommandé au Nagalté-ras Mahomet, chef des Maures de Gondar, et il alla loger chez lui en attendant l'arrivée de ses protecteurs; le lendemain Ayto-Aylo (1), chambellan de la reine mère, vint lui rendre visite; il lui dit que sa réputation comme médecin était connue, et que l'eteghé le priait de se rendre à Koscam, pour soigner plusieurs enfants du ras Michaël malades de la petite vérole; il ajouta que la reine l'engageait à venir habiter le palais, où tous ses enfants et ses petits-enfants vivaient auprès d'elle.

Bruce n'accepta qu'une partie de cette offre, et se logea dans une maison particulière que la reine lui concéda.

Dès ce moment, il quitta le costume mahométan et revêtit celui des Abyssiniens; il se fit couper les cheveux, qu'on frisa et parfuma, et eut tout à fait l'aspect d'un véritable habitant du pays.

Les soins éclairés qu'il donna à Ayto-Confu, fils d'Ozoro-Esther et d'un premier époux, le guérirent bientôt de la petite vérole, ainsi que le fils de Michaël, l'enfant de sa vieillesse. La réputation de l'yagoubé fut bientôt solidement établie, et il s'acquit ainsi de grandes protections avant d'avoir vu

(1) Ayto ou Ato est le titre que prennent les grands, comme celui d'Ozoro ou d'Ozorio est celui de leurs femmes et de leurs filles.

le roi et son ministre ; car Ozoro-Esther était l'épouse chérie de Michaël, et elle était toute-puissante sur l'esprit du jeune roi. Ce fut la cause de la considération dont Bruce jouit constamment à la cour.

Le 9 mars, l'armée royale entra en triomphe dans la ville. Le roi était à cheval à la tête des troupes du Tigré. Il avait la tête découverte, et un manteau de velours noir, garni d'une frange d'argent, flottait sur ses épaules. Un enfant marchait à sa suite et portait une baguette d'environ cinq pieds de long ; immédiatement après le ras venaient tous les guerriers qui avaient tué quelque ennemi ou enlevé des dépouilles ; ils portaient à leurs lances et à leurs fusils autant de morceaux d'écarlate qu'ils avaient tué d'hommes.

« Une chose singulière, que je remarquai dans cette pompe triomphale, dit Bruce, c'était la coiffure des gouverneurs de province : ils avaient sur le front un large bandeau qui allait se nouer derrière la tête, et au milieu duquel s'élevait un cône d'argent doré d'environ quatre pouces de long, et qui avait précisément la forme de nos éteignoirs de flambeaux. Cet ornement s'appelle dans leur langue *kirn,* c'est-à-dire la corne, et on ne le porte que dans les grandes cérémonies qui suivent les victoires. J'imagine que cette coutume, ainsi que presque toutes celles des Abyssiniens, leur vient des Hébreux; dans le livre des Psaumes, il est souvent fait allusion à cette corne. »

Après les officiers paraissait le roi, le front ceint d'un bandeau d'environ trois pouces de large qui était noué par derrière avec un double nœud, et dont les bouts tombaient d'environ deux pieds sur les épaules. Autour de ce prince, on voyait les grands officiers de l'État et toute la jeune noblesse qui n'avait pas encore de commandement; à la suite venaient les troupes de la maison royale; enfin marchait le kanitz-kitzera, c'est-à-dire le bourreau de l'armée, accompagné de tous ses aides.

Le 14 mars, Bruce eut une audience officielle du ras; voici comment il la raconte : « J'entrai et trouvai Michaël assis sur un sopha; ses cheveux blancs étaient frisés et formaient plusieurs boucles; il avait le visage décharné et les yeux très-vifs quoique un peu malades; je jugeai que sa taille pouvait être de cinq pieds et demi, mais il était estropié de manière à ne pouvoir guère se tenir debout. Ses manières étaient libres et dégagées; enfin, je lui trouvai une parfaite ressemblance, tant pour les traits du visage que pour le reste de sa personne, avec mon digne et savant ami M. de Buffon. Il aurait fallu être bien mauvais physionomiste pour ne pas lire dans ses yeux tout ce qu'il était; chacun de ses regards exprimait un sentiment; il semblait n'avoir pas d'autre langage, et, dans le fait, il parlait fort peu. Je voulus, suivant l'usage, me prosterner devant lui et baiser la terre, mais il me tendit la main, prit la mienne, et me releva.

« Le ras prit lui-même la parole et me dit : « Yagoubé, écoutez ce que j'ai à vous apprendre, et souvenez-vous bien de ce que je vous recommande. On m'a annoncé que vous étiez un homme dont la principale occupation était d'errer dans la campagne et dans les endroits les plus solitaires, pour y chercher des arbres et des plantes, et de passer la nuit seul à observer les astres des cieux. Les autres pays ne ressemblent point à celui-ci; les malheureux habitants de ces contrées sont tous ennemis naturels des étrangers; s'ils vous voient seul, leur première pensée se portera sur les moyens de se défaire de vous, et, quoique votre mort ne leur soit d'aucun avantage, ils chercheront à vous assassiner pour le seul plaisir de faire le mal. J'ai songé à vous mettre dans une situation où vous pourrez mieux suivre vos penchants, sans être inquiété et sans craindre qu'on cherche à vous tuer pour vous enlever votre argent. Le roi vous a nommé baalomaal (c'est-à-dire chambellan); allez donc le trouver pour le remercier. »

L'audience terminée, Bruce, avant de rien accepter, voulut consulter Ozoro-Esther, et lui demanda une entrevue qui lui fut aussitôt accordée. C'est ici le lieu de faire connaître cette femme, qui fut la constante protectrice de notre voyageur.

Elle était fille aînée de la reine mère, qui, après la mort du roi Bacouffa, avait épousé un grand de la cour : Esther était née de ce second mariage;

cette princesse, d'une beauté remarquable, se maria fort jeune et devint, bientôt après, veuve avec un fils, ce même Ayto-Confu, que Bruce guérit de la petite-vérole; puis elle épousa Mariam-Barea, le premier général de son temps après Michaël; Mariam, lâchement égorgé au milieu des discordes civiles, laissa la jeune Esther veuve encore une fois. Cette femme, sous les traits les plus délicats, possédait le courage d'une Romaine; accompagnée de son fils et de plusieurs de ses amis, elle vint se présenter, tout le corps couvert, mais la tête entièrement nue, à la porte de la tente de Michaël, réclamant sa protection et lui offrant sa main. Le ras s'empressa d'accepter et l'épousa aux acclamations de toute l'armée : dur, cruel, nourri dans le sang et toujours content de le verser, Michaël se laissa gouverner par Ozoro-Esther, mais elle se conduisit avec tant de prudence qu'elle n'excita jamais l'envie de personne.

Bruce sortit d'auprès de la princesse décidé à accepter, et il se rendit immédiatement chez le roi pour le remercier; le monarque était dans une espèce d'alcôve, et ne parla d'abord à l'étranger que par l'organe d'un officier nommé Kab-Hatzé, c'est-à-dire la voix du roi; mais, quand il ne resta dans la chambre que ses familiers, il découvrit sa bouche et son visage, et parla lui-même. Cette audience se prolongea fort avant dans la nuit, au grand déplaisir de Bruce, qui n'avait rien pris depuis le matin, et à la grande joie du roi, qui, par une espièglerie que son âge permettait, se plut à faire questions sur questions, s'amusant de la contenance embarrassée de son chambellan ; enfin il mit un terme à cette plaisanterie, et Bruce put aller souper.

Pendant ce repas, auquel assistait Guebra Mascal, neveu du ras, ce jeune homme se vantait de son adresse au fusil; un des convives ayant mis bien au-dessus celle de l'yagoubé, une dispute s'en suivit, et Bruce répliqua qu'avec son fusil chargé d'une chandelle, il ferait plus d'effet que lui avec le sien chargé d'une balle. Ce propos fut rapporté au roi. « Un jour, dit Bruce, que j'étais de service au palais, il me demanda si j'étais bien de sang-froid lorsque j'avais avancé ce fait.

— Certainement oui, sire, j'étais de sang-froid.

— Vous ne me ferez pas croire qu'avec un bout de chandelle vous puissiez tuer un homme ou un cheval !

— Pardonnez-moi, sire, je ne veux tenter de vous faire croire que les choses dont vous souhaiterez être convaincu. Quand voulez-vous que j'essaye ?

— Tout de suite, puisque nous sommes seuls !

— Le plus tôt sera le mieux, je ne veux pas être cru plus longtemps capable d'un mensonge, ce qui, dans ma patrie, est regardé comme une chose infâme : je vais envoyer chercher mon fusil. »

« Pendant ce temps, j'avais dit que, sûr de mon

fait, je ne voulais essayer ni sur un homme ni sur un cheval, mais que je percerais une table de trois pouces d'épaisseur. On se récria, et quand le fusil fut apporté, au lieu de la table, Ayto-Engedan, un des chambellans, me présenta son bouclier, qui était en peau de buffle fort épaisse.

« Engedan, ce bouclier est trop faible, donnez-m'en un plus fort.

— Ah! yagoubé, vous le trouverez assez fort; le bouclier d'Engedan est connu pour n'être pas une simple parure. »

« Deux autres assistants offrirent chacun un bouclier semblable au premier. Je chargeai mon fusil devant eux avec de la poudre et la moitié d'une chandelle ordinaire; après quoi je joignis les boucliers tous trois ensemble et les attachai à un poteau. « Engedan, dis-je alors, faites-moi signe de tirer quand vous voudrez; mais songez que vous avez dit adieu pour jamais à votre excellent bouclier. »

« Le signal fut donné, le coup partit; la chandelle traversa les trois boucliers avec tant de force, qu'elle alla se briser contre la muraille qui était par derrière. Je me tournai vers Engedan : « Ne vous avais-je pas prévenu que votre bouclier ne valait rien? »

« Les spectateurs firent entendre un cri d'admiration, et le roi, ayant examiné les boucliers, dit : « Avant d'avoir vu la chose je ne croyais pas qu'elle fût possible, et à présent que je l'ai vue, j'ai encore peine à le croire. »

« Je mis dans mon fusil l'autre moitié de la chandelle, et, ayant ajusté la table placée à distance, je la traversai aussi facilement que les boucliers.

« Cet essai fit sur l'esprit du roi l'impression la plus favorable, et je n'aperçus plus en lui la moindre défiance. Au contraire, il me donnait sans cesse des marques d'attention, de confiance et d'une véritable amitié, et il suffisait que j'affirmasse une chose pour qu'il cessât d'en douter. »

Il n'en a pas été de même en Angleterre, car sans se donner la peine de vérifier le fait, on en a nié la possibilité; cette expérience, répétée souvent depuis, ne fait plus l'objet du moindre doute; la véracité de l'anecdote a été confirmée par Salt, qui l'a entendue raconter par un témoin oculaire : « A Adoua, dit-il, je reçus la visite d'un Grec infirme et presque aveugle; il me demanda plusieurs fois si j'étais parent de Bruce. Il me parla quelque temps de ce voyageur, et ajouta que le roi Técla-Haimanout n'avait pas fait attention à l'yacoubé jusqu'à ce que celui-ci eût percé une table avec une chandelle (fait dont je n'avais jamais entendu parler dans le pays), et qu'alors il devint le favori du prince, qui le nomma baalomaal. »

Ayto-Confu donna à son médecin une preuve d'amitié qui lui fut fort agréable. Au midi de l'Abyssinie, près des frontières du Sennaar, est un pays enfoncé, chaud, malsain, entièrement habité par les mahométans, et divisé en plusieurs districts, tous connus sous le nom général de Tchelga. Ayto-Confu y possédait de vastes domaines, et il était gouverneur d'un de ces districts, nommé Ras-el-Fil; mais comme il était trop jeune pour remplir cette place, il avait un sous-gouverneur. Sur sa demande, le roi nomma Bruce à cet emploi, avec la faculté d'envoyer son ami Yasine en qualité de représentant. Ce poste lui fit d'autant plus de plaisir qu'il était certain de la fidélité et de l'attachement de ce Maure, et qu'il avait besoin de lui pour l'exécution de ses projets, puisque son intention était de partir par la route du Sennaar.

La joie que Bruce ressentit fut de courte durée, car il eut de nouveaux accès d'une fièvre intermittente, et fut plusieurs semaines sans sortir du lit. Dans cet intervalle la guerre civile recommença, et le roi se remit en campagne, car cette guerre était dirigée contre lui. Bruce, qui n'était pas rétabli, obtint la permission de se retirer à Emfras pour se livrer à ses travaux scientifiques, se guérir et visiter les sources du Nil.

Emfras est une petite ville située à l'extrémité du lac Dembea ou Tana, le plus grand réservoir de tout le pays, car il a cinquante milles de long, vingt-cinq de large, et renferme onze îles habitées. Pendant un mois que Bruce resta à Emfras, sa santé se rétablit au point qu'il put se joindre à l'armée royale; mais auparavant il voulut essayer de parvenir aux sources du Nil. Rencontré par un parti de rebelles, il eut la douleur d'assister au pillage de son bagage, et ce qui était bien plus malheureux, ce fut de voir ces sauvages s'emparer de ses instruments; il ne put les recouvrer que longtemps après, par l'entremise de l'eteghé. Contrarié dans son plan, il voulut profiter du voisinage de la grande cataracte pour l'aller visiter, malgré les dangers qu'il courait; il fut récompensé de sa peine.

« La cataracte offrit à mes regards, dit-il, un des plus beaux spectacles que j'eusse jamais vus; le Nil, considérablement grossi par les pluies, formait une nappe d'un pied d'épaisseur au moins, sur plus d'un demi-mille de large, et il faisait tant de bruit, que j'en fus presque aussi étourdi que si j'avais eu des vertiges. Un épais brouillard couvrait la cataracte, et s'élevait au loin, en suivant le cours du fleuve, à travers les arbres. Les eaux conservaient toute leur limpidité, et en tombant dans un vaste bassin du rocher, elles se divisaient en divers flots opposés, dont une partie revenait en arrière avec fureur, et, après avoir frappé les bords du roc, contournait le bassin et allait se mêler en bouillonnant au courant écumeux du fleuve.

« La vue de cette cascade me parut si magnifique, si imposante, que, quand je vivrais plusieurs siècles, elle ne s'effacerait jamais de mon souvenir. Elle me plongea d'abord dans une sorte de stupeur, dans l'oubli total de ce qui m'environnait, de moi-même. Sorti de ma rêverie, j'essayai de mesurer la hauteur de la cascade, qui est, je crois, de quarante pieds. Mais j'avoue que je n'ai jamais moins été en état de faire quelque chose avec précision; mon imagination était domptée par la vue de la cataracte, et tant que je la contemplai je fus presque hors de moi-même. Il me semblait que l'équilibre des éléments était rompu, et que la masse énorme d'eau qui se précipitait à grand bruit allait engloutir le globe terrestre. »

Sa curiosité satisfaite, Bruce se remit en marche pour rejoindre le roi. « Un matin, dit-il, nous entendîmes tirer un coup de fusil, ce qui nous fit grand plaisir, parce que nous crûmes que l'armée ne pouvait être loin. Au bout d'un quart d'heure, on fit une décharge générale de droite à gauche, et bientôt le feu commença avec plus de vivacité; il continua quelque temps et semblait se rapprocher de nous, signe presque certain que l'armée royale était battue et faisait retraite. Nous fîmes nos dispositions pour combattre, et nous avançâmes dans la plaine. A notre grand étonnement nous découvrîmes nos ennemis: c'était une multitude de daims, de buffles, de sangliers et d'autres animaux, qui, effrayés par l'armée, marchaient en troupes. Ils tombèrent en grand nombre sous les coups des soldats, qui, enchantés de pouvoir si aisément se procurer des vivres, tuèrent tout ce qui se trouva à leur portée; cette chasse dura environ une heure. Un grand troupeau de cerfs vint droit à nous; ils avaient l'air si effarouché, qu'ils semblaient vouloir nous renverser; quelques-uns traversèrent même notre troupe, et le reste prit sa course vers la plaine.

« Le roi et le ras Michaël furent dans la plus grande inquiétude; le bruit se répandit que l'armée était attaquée : la terreur et le désordre s'emparèrent de tous les soldats voisins de l'endroit où ils croyaient que l'engagement avait lieu. Cependant le feu continuait, les balles sifflaient de tous côtés; il y eut beaucoup d'hommes blessés et quelques-uns de tués. Le ras, à la porte de sa tente, criant, jurant, menaçant et arrachant de colère ses cheveux gris, fut pendant quelques minutes sans se faire obéir. Le roi donna soudain ordre de dresser sa tente, de planter son étendard et de battre ses timballes pour donner le signal de camper; aussitôt le feu cessa. »

Bruce campa comme les autres; il se présenta devant le roi, qui le reçut avec amitié, et lui apprit qu'on allait repasser le Nil et retourner à Gondar jusque après la saison des pluies.

En effet, l'armée commença le 28 mai son mouvement rétrograde, et le lendemain elle arriva sur les bords du fleuve. « Ce jour-là, dit Bruce, il ne cessa pas un seul instant de pleuvoir en abondance, et les coups de tonnerre et les éclairs presque continuels semblaient quelquefois se couvrir de flammes. Tous les chemins étaient remplis d'eau et formaient autant de torrents qui allaient se précipiter dans le Nil.

« Quoique les armées abyssiniennes passent le Nil dans toutes les saisons, parce que ce fleuve n'entraîne ni pierres, ni arbres, ni aucun embarras, l'immense volume d'eau qui remplissait son lit m'épouvanta, et je crus qu'on devait renoncer au passage ; mais il s'éleva tout à coup un vent de nord-ouest, le soleil brilla, et quand le gros de l'armée arriva sur le rivage, les torrents passagers avaient disparu, et la terre était déjà sèche. »

Le passage fut extrêmement désastreux ; tout le bagage fut emporté, plusieurs cavaliers se noyèrent. Cependant, le lendemain matin, l'armée était réunie sur l'autre rive et continuait sa route. Deux jours après, le ras défit les troupes d'Ouaragna - Fasil, un des principaux chefs des rebelles, et le détermina à faire sa soumission.

Le 3 juin, Bruce arriva à Gondar. « Je n'avais nullement raison d'être satisfait, dit-il ; après une suite continuelle de fatigues, de dangers, de dépenses, je revenais sans avoir pu exécuter mon projet de visiter les sources du Nil, dont je n'avais été qu'à seize lieues, et ne rapportant pour fruit de mon expédition qu'une fièvre très-violente et un esprit presque découragé. Cependant, comme je n'avais jamais complétement désespéré, je ne négligeais rien de ce qui pouvait me faciliter les moyens d'accomplir mon projet. Je fis donc tout ce qui dépendait de moi pour rendre service aux envoyés de Fasil ; je les chargeai d'un petit présent pour lui. Ils m'avaient souvent prié de leur donner des remèdes pour guérir un cancer qu'Oualed-Yassous, son principal lieutenant, avait à la lèvre ; je confectionnai des pilules d'extrait de ciguë, et je les leur remis avec une note indiquant le régime à suivre.

« Ces envoyés déclarèrent, en présence du roi, que leur chef serait plus sensible au plaisir de recevoir ce remède, qu'à tous les honneurs dont il venait d'être comblé. « S'il en est ainsi, dis-je, je veux demander deux faveurs. —Voilà qui n'est pas ordinaire, repartit le roi ; mais n'importe, parlez. — Eh bien ! sire, voici les deux choses que je vous demande : la première, c'est que vous me donniez, et que Fasil ratifie ce don, le village de Geesh dans le territoire duquel le Nil prend sa source ; la seconde, c'est que, quand Fasil pourra me faire conduire à Geesh et me montrer les sources, il le fasse sans exiger aucune récompense et sans chercher à s'en défendre. »

« On rit beaucoup de mes modestes demandes ; le roi dit gaiement aux envoyés : « Prévenez Fasil que je donne à l'yagoubé et à sa postérité le village de Geesh et les sources auxquelles il semble attacher tant de prix ; je ne veux pas que ces lieux paraissent jamais sous un autre nom que sous le sien dans le Dofter (le livre du trésor), ni qu'on les lui ôte, soit en paix, soit en guerre, et jurez-le au nom de votre maître. » Aussitôt ils mirent l'un après l'autre les deux premiers doigts de leur main droite en croix sur les deux premiers doigts de la mienne, et ils la baisèrent ; telle est la manière de jurer en usage parmi les chrétiens d'Abyssinie. »

Ainsi Bruce se vit possesseur de ces sources qu'il venait visiter de si loin ; mais les événements politiques vinrent retarder sa prise de possession. Michaël fut obligé de se retirer avec le roi et son armée dans le Tigré, et le 10 juin, Gucho et Poussan, deux généraux des rebelles, entrèrent dans Gondar. Bruce, malade, n'ayant pu suivre le roi, demeura à Koscam auprès de l'eteghé, et, quoique reçu avec bienveillance par les chefs galla, il lui fut impossible de tenter une nouvelle excursion vers ses sources.

Enfin, les circonstances devenant plus favorables, il partit le 28 octobre 1770, accompagné de ses gens qui portaient des instruments astronomiques. Après avoir traversé un grand nombre de torrents qui vont grossir les eaux du lac Dembea, il arriva à Gorgora, où les jésuites portugais avaient élevé leur premier et magnifique couvent. Socinios leur avait donné l'argent nécessaire et le terrain, et ils avaient bâti le couvent et l'église de leurs propres mains.

Le 30, Bruce, se trouvant proche de l'endroit où était campé Fasil, s'empressa d'aller le visiter, parce qu'il savait que ce chef pouvait seul l'aider dans son entreprise.

L'entrevue fut d'abord assez amicale, mais chaque fois que Bruce revenait à l'ojet principal de sa visite, le chef galla repoussait sa demande ; il finit par lui avouer qu'il agissait ainsi d'après les instigations d'un des principaux personnages de la cour, qui, blessé de l'importance acquise par l'étranger, avait fait signifier à Fasil que les lois s'opposaient à ce qu'un Franc visitât ces sources. Ce n'était en réalité qu'une défaite, car le refus cessa lorsque Bruce eut offert au chef un riche présent. Fasil lui donna la permission de partir immédiatement, et voulut lui-même lui choisir un guide ; puis il ajouta, dit Bruce : « Vous êtes mon vassal ; le roi vous accorde le village de Geesh, c'est à moi de vous en donner l'investiture. » Je quittai la tente, et je fus bientôt dépouillé de mes vêtements ; on mit sur mon corps une pièce de belle mousseline qui traînait jusqu'à terre, et je fus conduit devant Fasil, qui, ôtant la pièce d'étoffe dont il était couvert, me l'arrangea lui-même sur les épaules. En même temps il dit en se retournant vers les personnes qui étaient auprès de nous : « Soyez témoins ! Je vous donne, yagoubé, le Geesh aussi pleinement et aussi franchement que le roi me l'a donné. » Je m'inclinai et je baisai la main de Fasil, suivant l'usage des feudataires, et alors le général me fit signe de m'asseoir.

« Ne craignez rien des sauvages qui vous suivent, dit-il, car ils sont sous les ordres d'Ouellata-Yassous ; vous voyez ces sept hommes (je puis assurer que je n'ai jamais de ma vie contemplé des gens qui eussent l'air de plus grands scélérats), ce sont tous des chefs galla, des sauvages si vous voulez, mais tous vos frères ; vous pouvez voyager dans leur pays comme si vous étiez dans le vôtre, sans que personne cherche à vous faire le moindre mal. » Fasil dit alors à ces chefs quelques mots en galla que je ne compris pas ; ils répondirent tous à la fois par un cri, et en se frappant la poitrine, comme pour montrer qu'ils consentaient à ce qu'il leur demandait. Ils firent semblant de venir me baiser la main. Fasil se tourna alors vers eux ; ils se levèrent, et nous formâmes tous un cercle ; alors le général et les Galla prononcèrent une prière qui dura environ une minute. « A présent, me dit Fasil, allez en paix, vous êtes un Galla ; ils viennent de prononcer une malédiction contre eux, contre leurs enfants, leur bétail, leurs champs, leurs pâturages, si jamais ils lèvent la main sur vous, ou s'ils ne vous défendent pas de tout leur pouvoir en cas d'attaque, ou si enfin ils ne cherchent pas à prévenir tous les mauvais desseins dont ils peuvent vous voir menacé. »

« En sortant de la tente, je trouvai un beau cheval : « Recevez-le, me dit Fasil, comme un présent de ma main ; ne le montez pas vous-même, faites-le conduire par un de mes gens; mais il n'est point d'habitant de la contrée qui, en voyant ce cheval, ose vous faire la moindre insulte. » Je baisai la main du chef pour prendre congé de lui, et lui demandant, selon la coutume du pays, quand on se trouve devant son supérieur, la permission de monter à cheval en sa présence, je partis au grand galop. »

Ce fut le 31 octobre que Bruce quitta la tente de Fasil; le lendemain il rencontra une troupe de Galla vagabonds, commandés par le sauteur (the jumper), le scélérat le plus déterminé et le voleur le plus intrépide du pays. Ce chef était presque nu, car il n'avait qu'une espèce de torchon autour des reins; il venait de se baigner et se frottait les bras et le corps avec du suif fondu; il avait déjà mis beaucoup de suif dans ses cheveux; et un homme était occupé à les lui tresser avec de petits boyaux de bœuf qui n'avaient jamais été nettoyés. Le sauteur avait, en outre, au cou deux tours de ces boyaux, dont un bout pendait sur sa poitrine. La conférence ne fut pas longue, car notre voyageur était suffoqué par l'odeur du sang et de la chair corrompus.

La petite troupe passa la nuit dans un village dont les maisons étaient construites d'une manière fort singulière. « Le premier propriétaire d'un champ le divise en quatre parties, en y plantant deux haies de branches de mimosa épineux qui se croisent; dans un des angles il bâtit sa hutte et occupe autant d'espace qu'il veut. Trois autres personnes se placent dans les trois autres angles. Les enfants de chaque famille bâtissent leur demeure derrière celle de leur père, et les font plus petites parce qu'elles sont plus larges, l'angle s'ouvrant toujours. Après avoir ainsi construit autant de huttes qu'il est nécessaire, ils les entourent d'une haie impénétrable, et chaque famille vit sous le même toit, toujours prête à se défendre en cas d'alarme ; cependant ils sont aisément vaincus, s'il se présente un ennemi un peu fort, car il n'a qu'à mettre le feu aux haies sèches et aux roseaux qui entourent les huttes, et comme elles sont en paille, elles deviennent promptement la proie des flammes.

« Les habitants de ce pays craignent tant la petite vérole, que, dès qu'elle se déclare dans une maison, tous les voisins l'entourent pendant la nuit, y mettent le feu, et repoussent dans les flammes les infortunés qui cherchent à se sauver, sans qu'il y ait jamais eu d'exemple qu'on en ait laissé vivre un seul. »

On entra ensuite dans la province de Goutto, dont la campagne est une des plus belles qu'on puisse voir, même en Orient. Les mimosas qui produisent la gomme arabique y sont très-communs. Ces arbres n'ont guère que quinze pieds de haut; mais leurs branches s'étendent horizontalement, se joignent même, quoique les troncs soient assez éloignés les uns des autres. On y trouve aussi de l'avoine sauvage qui vient à une hauteur si prodigieuse, que les hommes et les chevaux peuvent s'y cacher aisément. Les tuyaux de cette avoine ont quelquefois un pouce de circonférence.

Bruce traversa plusieurs cours d'eau, dont le plus considérable est l'Assar, qui présente sur ce point une magnifique cascade haute de vingt pieds et large de quatre-vingts; l'eau se précipite avec une violence et un fracas horribles sans que rien la brise au milieu de sa chute.

On ne peut contempler sans surprise la puissance de végétation due à l'humidité de la rivière et à la féconde influence du soleil; on est saisi d'admiration au spectacle magnifique de ces arbres, de ces arbustes chargés de fleurs de toutes les couleurs et d'une forme aussi nouvelle que singulière, et sur lesquels voltigent une infinité d'oiseaux rares, revêtus d'un plumage brillant et varié. Mais parmi ces oiseaux si richement parés, on n'en trouve pas un seul qui chante comme les nôtres, et au milieu de toutes ces fleurs si belles, la rose et le jasmin sont les seules qui répandent quelque parfum.

Le 2 novembre, Bruce atteignit le Nil; le fleuve avait dans le milieu environ quatre pieds de profondeur; la rive occidentale est ombragée de beaux arbres de l'espèce du saule; ces arbres viennent droits, sans nœuds, et portent des cosses longues et pointues qui renferment une sorte de coton. Les Abyssiniens donnent à cet arbre le nom de *Ha;* ils s'en servent pour faire le charbon qu'ils emploient dans la préparation de la poudre. La rive orientale est hérissée de rochers pointus, couverts jusqu'à une certaine distance de bois noirs et épais ; du milieu de ces bois s'élèvent de grands arbres, dont la tête majestueuse est déjà dévastée par la main du temps.

Les habitants accoururent en foule, dès qu'ils virent que la troupe s'apprêtait à traverser le fleuve ; ils s'opposèrent vivement à ce qu'aucun homme monté sur un cheval ou sur un mulet entrât dans l'eau, par suite de la vénération qu'ils ont conservée pour le Nil, et qui remonte à l'antiquité la plus reculée. Ils exigèrent même une somme pour transporter le bagage ; mais le guide se mit dans une violente colère, et les força à prêter gratuitement leur secours ; cette conduite fit prendre la fuite à tous les habitants du village, et on eut beaucoup de peine à obtenir des provisions dont on manquait. Bruce, entendant le bruit d'une chute d'eau, laissa ses gens et partit au galop.

« Cette cataracte, dit-il, à laquelle on a donné le nom de première cataracte, ne remplit pas, à beaucoup près, l'idée que je m'en étais formée. A peine a-t-elle seize pieds de haut, et la nappe d'eau qu'elle forme en tombant, et qui a environ soixante brasses de large, se partage en quelques endroits, et laisse dans sa chute des intervalles de rochers à découvert ; elle n'est en aucune manière ni aussi belle, ni aussi digne d'attention que la cataracte d'Alata. »

Le lendemain on quitta le village et on marcha toute la journée dans une plaine couverte de mimosas, qui tous avaient été étêtés de bonne heure; les habitants se servent des jeunes branches pour faire des paniers qu'on suspend comme des cages aux arbres et aux maisons, afin que les abeilles, qui sont très-nombreuses dans le pays, viennent y déposer leur miel pendant le temps de la sécheresse. La piqûre de ces abeilles incommoda beaucoup les voyageurs, qui se hâtèrent de traverser la plaine. Déjà ils apercevaient au loin une triple chaîne de montagnes qui forment trois cercles placés les uns derrière les autres, et leur arrangement est si régulier, qu'il rappelle d'abord l'idée des montagnes de la Lune, au pied desquelles l'antiquité disait que le Nil prenait sa source. Ce sont, en effet, suivant Bruce, ces fameuses montagnes qui traversent tout le continent de l'Afrique; mais en cela il se trompe, leur chaîne commence trois degrés plus au sud.

Le pied des montagnes est tapissé de prairies naturelles, et une immense quantité de bétail y paît continuellement. Parvenu au sommet, Bruce vit immédiatement au-dessous de lui le Nil, semblable à un ruisseau; il avait derrière lui l'église de Saint-Michel, bâtie entre deux sommets qui sont à une égale distance; mais il ne savait de quel côté chercher les sources. Le guide se cachait; ce rusé personnage voulait exciter la curiosité de son patron, pour en obtenir quelque récompense nouvelle;

quand il parut et qu'il eut obtenu ce qu'il désirait: « Vous voyez, dit-il, cette éminence couverte de gazon dans le milieu de ce terrain humide; c'est là que sont les sources; Geesh est situé sur le haut du rocher; si vous allez jusque auprès des sources, ôtez vos souliers, car les habitants ont la plus grande vénération pour le Nil, et l'invoquent tous les jours comme un dieu. »

« J'ôtai mes souliers, continue Bruce; je descendis précipitamment la colline, et je courus vers la petite île verdoyante, qui était environ à deux cents pas de distance. Je la trouvai semblable à un autel, forme qu'elle doit sans doute à l'art, et je restai plongé dans une sorte de ravissement en contemplant la principale source qui jaillit du centre de l'autel.

« Certes, il est plus aisé d'imaginer que de décrire ce que j'éprouvai alors : je restai debout en face de ces sources, que depuis trois mille ans le génie et le courage des hommes les plus célèbres avaient en vain tenté d'atteindre. Des rois ont voulu y parvenir à la tête de leurs armées, mais leurs expéditions ne sont distinguées les unes des autres que par le plus ou moins d'hommes qui y ont péri, et toutes sans exception se ressemblent par l'inutilité de ces pertes. La gloire et les richesses ont été promises, pendant une longue suite de siècles, à l'homme qui aurait le bonheur d'arriver où les armées n'avaient pu pénétrer; mais pas un seul n'avait réussi, pas un seul n'avait pu satisfaire la curiosité des souverains qui les employaient, accomplir les vœux des géographes, et triompher d'une ignorance honteuse pour le genre humain. »

Bruce et son domestique Strates remplirent une tasse d'eau de la source, et burent à la santé du roi d'Angleterre, de l'impératrice Catherine; ils se livrèrent aux transports d'une joie immodérée. Les Agous, qui étaient en grand nombre sur la colline, entendant ces cris, demandèrent au guide ce que tout cela signifiait; il leur répondit que cet homme était fou, et qu'il avait été mordu par un chien enragé. Les Agous répliquèrent qu'il serait infailliblement guéri par le Nil, mais que l'usage en pareil cas est de boire de l'eau à jeun; loin de paraître blessés de l'audace des étrangers, ils applaudirent à leur confiance en la divinité du pays.

Bruce s'établit dans le village de Geesh, et pendant plusieurs jours il se livra à un examen attentif des sources, fit des observations astronomiques nécessaires pour en calculer exactement la position, enfin agit en voyageur éclairé. Voici les passages les plus remarquables de la description qu'il nous donne des sources :

« Le précipice de Geesh semble avoir été façonné exprès à divers étages, sur chacun desquels il y a un groupe de huit ou dix maisons inégalement posées, de manière qu'elles occupent toutes ensemble la moitié ou les deux tiers du rocher. Dans le milieu de ce rocher, et en allant droit au nord, vers les sources, on trouve une immense caverne assez grande pour contenir les habitants du village et leur bétail.

« Le côté du rocher qui fait face au sud offre la perspective la plus pittoresque ; quand on la contemple de la plaine d'Assoa, qui est au pied, on n'aperçoit, à différents étages, qu'une partie des maisons à travers les arbres et les arbustes dont le rocher est couvert ; des plantes épineuses dérobent l'entrée de la caverne et forment une barrière impénétrable pour ceux qui n'en connaissent pas le passage. Les maisons n'ont d'autre communication les unes avec les autres que par des sentiers étroits et tortueux, à travers les plantes épineuses qu'on laisse croître dans toute leur force, et qui, en présentant l'aspect le plus sauvage, servent de défense aux habitants. Des arbres grands et majestueux couronnent le haut du rocher, et semblent être ainsi plantés sur le bord pour empêcher les personnes qui en approchent de se précipiter dans la plaine.

« Du haut du rocher de Geesh, une pente douce conduit au bord d'un large marais, vers le milieu duquel est une éminence de forme circulaire qui a trois pieds au-dessus de la surface du marécage, et qui paraît en avoir davantage en dessous. Cette éminence a au moins douze pieds de diamètre ; elle est environnée par une tranchée qui rassemble l'eau et la force de s'écouler du côté du levant. C'est une espèce d'autel où les Agous font leurs cérémonies religieuses. Dans le milieu de l'autel même, il y a un trou fait ou au moins élargi par la main des hommes; on a une grande attention à empêcher qu'il ne pousse aucune espèce d'herbe autour de ce trou; aussi l'eau y est-elle très-pure, très-limpide, et parfaitement tranquille. Cette ouverture a trente pouces de diamètre; l'eau s'élevait seulement à deux pouces au-dessous du bord, et, pendant tout le temps de mon séjour, je ne m'aperçus pas qu'elle haussât ou qu'elle baissât.

« En enfonçant le bois de ma lance à six pieds de profondeur, je trouvai une légère résistance comme s'il y avait eu une couche d'herbe, et, six pouces plus bas, je sentis une terre molle, dans laquelle ma lance entra aisément. Quelques jours après, je fis une autre expérience : je me servis d'unes onde avec un plomb couvert de savon, qui ne rapporta du fond qu'une terre noire semblable à celle de tout le marais.

« A dix pieds de cette première source, un peu à l'ouest, on voit la seconde qui a onze pouces de diamètre et sept pieds et demi de profondeur, et à environ vingt pieds de la première il y en a une troisième qui a un peu moins de deux pieds d'ouverture et cinq pieds trois pouces de profondeur; elle est, ainsi que la seconde, au milieu d'un petit autel construit dans le même genre que celui précédemment décrit, quoiqu'un peu plus petit. L'autel de la troisième source semblait presque détruit par l'eau, qui s'élevait jusqu'au bord comme celle de la seconde, et les deux autels laissaient échapper un filet d'eau par le pied. Ces eaux vont se réunir dans la tranchée de la première source, et de là prennent leurs cours en formant un filet de deux pouces de diamètre.

« L'eau de ces sources est très-légère, très-bonne, et n'a point de goût; je la trouvai extrêmement fraîche, quoiqu'elle demeurât à toutes les ardeurs du soleil; à midi, le thermomètre de Fahrenheit était à 96° (35 56 centigrades). »

Bruce détermina rigoureusement la position géographique de ces sources, et fit une expérience pour connaître leur hauteur au-dessus du niveau de la mer, et il en conclut qu'elles étaient élevées de plus de 1,610 toises; mais on peut révoquer en doute ce résultat, l'expérience n'ayant point été exécutée au moyen d'un baromètre.

Maintenant il convient d'examiner si les prétentions de Bruce sont fondées, et s'il mérite réellement l'honneur d'avoir découvert les sources du Nil. Les faits vont lui donner un démenti sur ces deux points, car les sources du Geesh ne sont pas réellement les sources du vrai Nil, et d'autres Européens les ont d'ailleurs visitées avant lui.

Le Nil bleu, Bahar-el-Azrah des Arabes, Abay des Abyssiniens, n'est qu'un embranchement du vrai Nil, Bahar-el-Abiad, le fleuve blanc, dans lequel il se jette justement sous la latitude où cessent les pluies des tropiques. Le Nil blanc n'a été reconnu que peu au-dessus de cette jonction; mais il est beaucoup plus large que le Nil bleu, et, si l'on en croit les rapports des caravanes, son cours est très-étendu, et il paraît prendre sa source dans les montagnes de la Lune.

Les véritables sources du Nil sont tout aussi inconnues qu'avant Bruce; il n'a pas plus résolu ce grand problème que Cambyse, Alexandre, Ptolomée Philadelphe, César et Néron, qui ont fait d'inutiles efforts pour y parvenir. Bruce n'est même pas le premier Européen qui ait visité les sources de Geesh, c'est le père Paez qui a eu cet honneur. Voici ce qu'on lit dans la *Relation historique de l'Abyssinie*, par le P. Jérôme Lobo; c'est Paez qui parle.

« Le 21 avril 1618, je me trouvai avec l'empereur d'Éthiopie, qui était à la tête de son armée dans le royaume de Gojam; il était campé sur le territoire de Sacala, pays des Agaus (Agous), assez près d'une petite montagne qui ne paraît pas fort haute, à cause que celles qui l'environnent le sont beaucoup plus; j'allai et je parcourus des yeux tout ce qui était autour de moi; je découvris deux fontaines rondes, dont l'une pouvait avoir quatre palmes de diamètre; je ne pus exprimer ma joie en considérant ce que Cyrus, ce que Cambyse, ce qu'Alexandre, ce que Jules César avaient désiré si ardemment de voir; je n'aperçus aucune autre fontaine vers le haut de la montagne; la seconde est à l'ouest de la première, et n'en est éloignée que d'un jet de pierre. Ces fontaines ne regorgent jamais, parce que l'eau, ayant une grande pente, sort avec impétuosité au pied de la montagne.

« A une lieue de la montagne sort un autre ruisseau qui va se perdre aussitôt dans le Nil; on croit qu'il naît de la même source, et que son canal demeure caché sous terre, tandis que celui du Nil paraît. Le Nil reçoit encore d'autres ruisseaux; il devient bientôt une rivière considérable, et, après avoir coulé l'espace d'un jour, il reçoit une autre rivière forte, et il prend son cours vers l'ouest; puis retournant à l'est, il entre dans le lac Dambea, il le traverse avec rapidité sans mêler ses eaux à celles du lac; en sortant il fait plusieurs tours et détours, et, allant au midi, il arrose le pays d'Alata; à environ cinq lieues du lac, il tombe de quinze brasses de haut avec tant de violence, que, de loin, on dirait que toute l'eau s'en va en écume et en fumée. »

Jérôme Lobo, aumônier de Christophe de Gama, qui a visité les sources après Paez, en a laissé la description suivante :

« Le Nil, que ceux du pays nomment Abbavi, c'est-à-dire le père des eaux, prend sa source dans la province de Sacahala. A l'est du royaume de Gojam, et sur le penchant d'une montagne, est cette source du Nil. Cette source ou plutôt ces deux sources sont deux trous de quatre palmes de diamètre, à un jet de pierre l'un de l'autre. Un de ces trous n'a que onze palmes de profondeur, du moins nous ne pûmes faire descendre notre sonde plus bas; peut-être aussi fut-elle arrêtée par le grand nombre de racines que nous rencontrâmes, y ayant beaucoup d'arbres tout autour. Cette source est un peu plus petite que l'autre qui est plus bas; nous sondâmes aussi celle-ci, et quoique notre sonde fût de vingt palmes, nous ne pûmes trouver le fond. On croit que les deux sources ne sont que l'ouverture d'un grand lac caché sous terre, parce que le fond est toujours humide et si peu ferme, qu'il en sort des bouillons d'eau dès qu'on y marche. »

Il est difficile d'expliquer la raison pour laquelle Bruce s'est vanté d'avoir fait cette découverte; il connaissait l'ouvrage des Pères jésuites, puisqu'il relève les erreurs qu'ils ont commises en parlant de la cataracte d'Alata. Comment a-t-il pu croire que les savants le laisseraient jouir paisiblement d'une gloire qu'il ne méritait pas? il faut que l'orgueil de l'homme soit bien puissant pour l'entraîner dans de semblables aberrations.

Mais revenons à notre voyageur et au récit de son séjour à Geesh, où nul Européen n'a depuis pénétré. Pendant qu'il se livrait à l'exploration des sources, le guide réunissait les habitants, et leur apprenait que le roi avait nommé l'yagoubé gouverneur du district, et que, loin d'exiger un tribut, il payerait tout ce dont il aurait besoin. Cette déclaration produisit un bon effet; le choum ou chef offrit sa main à Bruce, et comme il était en même temps grand prêtre du Nil, il communiqua sur les coutumes des Agous quelques détails que nous allons faire connaître.

C'est à la principale source du fleuve, et sur l'autel de gazon, que tous les ans, à la première apparition de la canicule, le prêtre assemble les chefs des tribus; après avoir sacrifié une génisse noire, il lui coupe la tête, la plonge dans la source, et pour que personne ne puisse la voir, il s'empresse de l'envelopper dans la peau de l'animal, qu'on a eu soin d'arroser en dedans et en dehors avec de l'eau du Nil. On ouvre alors le corps de la génisse, on le nettoie, puis on le place sur l'autel, où on l'inonde d'eau, tandis que les aînés des familles et ceux qui sont les plus distingués vont puiser de l'eau aux deux autres sources, et la portent dans le creux de leurs mains jointes.

Tout le monde se rassemble sur une petite colline, et là on partage le corps de la génisse en autant de portions qu'il y a de tribus; mais ces portions sont inégales, et on les distribue suivant les anciens priviléges des tribus et non suivant leur importance actuelle. Après avoir mangé cette génisse toute crue, et bu de l'eau pure du Nil, les

Agous rassemblent les os et les brûlent dans l'endroit même où ils font leur festin. Puis ils prennent la tête, la portent au fond de la caverne, et là ils accomplissent plusieurs cérémonies que personne ne voulut révéler à Bruce.

Le choum se nommait Kefla-Abay, ou serviteur du fleuve ; sa charge était, disait-il, dans sa famille depuis le commencement du monde. Agé de soixante-dix ans, il portait une barbe longue, quoique peu touffue, ornement très-rare en Abyssinie, où la plupart des hommes n'ont pas de poil au menton ; il avait pour vêtement une peau attachée au milieu du corps par une large ceinture ; par-dessus était un manteau auquel tenait un capuchon, dont il se couvrait la tête ; ses jambes étaient nues, mais il avait des sandales pareilles à celles que l'on voit aux statues antiques, et il les quittait toujours lorsqu'il approchait de la source. Les habitants boivent l'eau du Nil, mais ne l'emploient à aucun autre usage ; ils se servent de celle d'un ruisseau voisin.

Quoique les invasions fréquentes des Galla aient diminué les forces des Agous, cette nation est l'une des plus nombreuses de l'Abyssinie, et ses richesses surpassent de beaucoup sa puissance. Ce sont eux qui fournissent à Gondar le bétail, le miel, le beurre, le froment, les cuirs, la cire, etc. Ils vendent également aux Changalla l'excédent de leurs provisions et les articles qu'ils rapportent de la capitale; ils en reçoivent en échange des dents d'éléphant, des cornes de rhinocéros, du tibbar (1), et une grande quantité de coton extrêmement fin; ils en tirent aussi, soit par le commerce, soit par la force, des esclaves, qu'ils vendent aux marchands de Gondar. Les vêtements des Agous sont tous de peaux qu'ils préparent par des procédés particuliers; ils se couvrent de ces vêtements pour se préserver du froid et des pluies; les plus jeunes vont presque nus. Les mères portent leurs enfants sur leur dos; elles n'ont pour vêtement qu'une espèce de chemise qui leur tombe jusqu'aux pieds, et qu'elles attachent par une ceinture au milieu du corps. Le bas de cette chemise est fait comme un double jupon; elles en retroussent un sur leurs épaules, et elles l'attachent sur leur poitrine avec une brochette de bois; c'est dans ce jupon qu'elles portent leurs enfants.

Le 10 novembre, Bruce quitta Geésh. « Je pris congé, dit-il, de Kefla-Abay, le vénérable prêtre du plus célèbre fleuve du monde; il me recommanda avec la plus grande ferveur aux soins de son dieu; tous les jeunes gens, armés de lances et de boucliers, m'accompagnèrent jusqu'aux limites de leur territoire et aux frontières de ma petite souveraineté. » Son retour s'opéra sans aucune circonstance remarquable, et huit jours après il était à Gondar.

(1) Or très-pur en petits grains ronds.

Les chefs rebelles occupaient toujours la capitale; ils avaient même élu un nouveau roi, dont le règne fut de courte durée, car un parti puissant se manifesta en faveur du souverain déchu, et les rebelles furent chassés de Gondar. Bruce partit immédiatement pour aller joindre ses amis, et fut très-bien reçu par le roi et par le ras.

La restauration de Técla-Haimanout fut marquée par des scènes horribles; quoique notre intention ne soit pas d'écrire l'histoire de cette guerre civile, nous ne pouvons nous dispenser de parler de certains faits, qui serviront à faire connaître les mœurs de ce peuple.

« Le 23 décembre, dit Bruce, tandis que nous étions en marche, le roi me pria de passer devant lui, et de lui faire voir le cheval que j'avais reçu de Fasil. Nous traversions un ravin profond sur lequel un arbre étendait ses branches; j'avais sur les épaules une peau de chèvre blanche, que l'arbre ne m'enleva pas; mais le roi, qui était vêtu d'un habit de prix, avec ses longs cheveux épars autour de son visage, et enveloppé dans son manteau de mousseline, de manière qu'on ne pouvait lui voir que les yeux, faisant plus d'attention au cheval qu'à l'arbre, ses cheveux touchèrent d'abord une branche, le pli du manteau qui couvrait sa tête fut rejeté sur ses épaules; et bientôt le manteau tomba tout entier. Le prince parut avec sa simple robe, et la tête et le visage nus devant tous les spectateurs.

« Un pareil accident est regardé comme un malheur véritable pour un prince qui ne paraît jamais que couvert en public. Cependant il n'en fut pas ému, et demanda quel était le choum de ce canton ; on le lui amena aussitôt, ainsi que son fils.

« Quand le roi est en marche, il a toujours auprès de lui le kanit-kitzera, qui porte à l'arçon de sa selle une quantité de courroies de cuir qu'on nomme le *taradé ;* le roi ne fit qu'un signe des yeux et de la main, et au même instant deux courroies du taradé furent déployées et passées autour du cou du choum et de son fils ; les deux malheureux furent hissés à l'arbre fatal et pendus. »

Lorsque l'armée fut entrée à Gondar, on fit le procès à l'abba-salama, le premier ecclésiastique de la cour ; le malheureux, malgré le caractère sacré dont il était revêtu, fut sacrifié à la vengeance du ras ; il fut pendu, ainsi que le frère de Socinios.

Michaël ne fut pas satisfait par la punition de ces rebelles d'un haut rang, le sang continua à couler comme de l'eau jusqu'au jour de l'Épiphanie. Des prêtres, des laïques, des jeunes gens, des vieillards, des nobles, des gens du peuple, virent leurs jours terminés par le sabre ou par la corde. Dans l'espace d'une semaine, cinquante-sept personnes moururent publiquement par la main du bourreau.

Ceux qui périrent par le sabre furent taillés en pièces et jetés dans les rues, sans qu'on permît de les enterrer. La quantité de cadavres et l'odeur qu'ils exhalaient attiraient par centaines les hyènes des montagnes voisines ; et comme les gens de Gondar ne sortent guère dès qu'il fait nuit, ces animaux s'emparaient des rues, et semblaient prêts à disputer aux habitants la possession de la ville.

Bruce fut quelques jours sans sortir de chez lui, tournant toutes ses pensées vers les moyens de fuir ces contrées inondées de sang. Enfin le 31 janvier 1771, après une longue conférence avec le roi, ce prince consentit à lui permettre d'écrire dans le Sennaar, et à lui laisser faire ses préparatifs de départ ; mais une nouvelle campagne, qui s'ouvrit bientôt après, recula encore ses espérances.

A cette époque, Técla-Haimanout reçut deux visites fort remarquables, et qui fournirent à Bruce l'occasion de faire des observations sur des peuplades qu'il ne connaissait pas encore. La première visite fut celle d'Amha-Iassous, fils du prince de Choa ; quand il parut devant le roi, il s'avança jusqu'aux marches du trône, en s'inclinant toujours de plus en plus à mesure qu'il s'avançait ; lorsqu'il voulut se prosterner, il en fut empêché par deux officiers. Le roi tenait sa main découverte, mais il ne la tendit pas, parce qu'il ne voulait pas que le prince la baisât. Amha-Iassous la saisit et la porta à sa bouche ; puis restant debout, il allait adresser son compliment, que le roi ne voulut pas entendre avant qu'il fût assis ; alors les deux officiers répandirent sur lui tant d'essence de roses, qu'il en fut inondé complétement. Amha-Iassous paraissait avoir de vingt-six à vingt-huit ans ; il était grand, parfaitement bien fait, et sa figure était très-belle. Bruce fut depuis admis dans son intimité, et obtint de lui communication d'un manuscrit qui lui a été fort utile pour rédiger son histoire d'Abyssinie.

Le second personnage présenté au roi parut bien plus extraordinaire ; c'était Guangoul, chef des Galla d'Angot. Parmi les présents qu'il apportait, il y avait une grande quantité de cornes pour contenir le vin, sur lesquelles nous allons bientôt revenir. Guangoul était petit, maigre, tout de travers ; il avait la tête grosse, les jambes et les cuisses fort maigres. Il n'était ni noir ni même brun ; mais il avait une couleur jaune et livide ; ses cheveux, fort longs, étaient entrelacés avec des boyaux de bœuf, et ces singulières tresses tombaient, la moitié sur les épaules, la moitié sur la poitrine ; il avait en outre un boyau autour du cou, et plusieurs autres qui lui servaient de ceinture ; par-dessus était un morceau de toile de coton imprégné de beurre ; le visage et tout le corps de Guangoul étaient également oints de beurre, qui dégouttait de toutes parts.

Chez les Galla, dans les jours de cérémonie, un chef monte sur une vache ; Guangoul en montait une qui, bien qu'elle ne fût pas très-grosse, avait les cornes d'une prodigieuse longueur ; il n'avait point de selle ; il portait des espèces de caleçons qui lui venaient à peine à moitié de la cuisse ; il avait les genoux, les jambes et tout le reste du corps nus. Son bouclier était d'un simple cuir de bœuf racorni par la chaleur, et formait plusieurs plis ; la lance qu'il portait était fort courte, garnie d'un bout de fer mal façonné, et le manche n'avait aucune espèce d'ornement ; il la tenait extrêmement penchée en arrière, avançant son ventre, et tenant les bras, dont le gauche portait le bouclier et le droit la lance, de manière qu'il semblait avoir deux ailes.

Le roi était assis dans le milieu de sa tente sur son trône d'ivoire ; quand il reçut le chef galla, il faisait extrêmement chaud, et, avant qu'on vît paraître le prince, une odeur infecte annonça son approche. Le roi fut si frappé de sa bizarre figure, qu'il sentit une envie immodérée de rire, et, ne pouvant se contraindre, il s'échappa et courut dans un appartement voisin.

Le sauvage descendit de sa vache à l'entrée de la tente ; il vit le trône du roi vide, et, croyant que c'était le siége qu'on lui destinait, il s'assit sur le coussin de damas cramoisi, qu'il couvrit de beurre. Aussitôt tous ceux qui étaient sous la tente poussèrent un grand cri de surprise. Le Galla se leva sans savoir pourquoi on criait, et avant qu'il eût le temps de se reconnaître, on tomba dessus, et on le repoussa vers la porte, où il demeura dans une espèce d'étonnement farouche.

En Abyssinie, s'asseoir sur le siége du roi est un crime de haute trahison qu'on punit soudain de mort; mais le pauvre Guangoul dut la vie à son ignorance. Le roi, pendant toute cette scène, s'était tenu derrière le rideau. S'il rit au commencement, il rit bien davantage quand il fut témoin de la catastrophe; il revint en riant et incapable de prononcer aucune parole.

Nous avons dit que Guangoul avait apporté des cornes d'une prodigieuse grandeur. Les voyageurs qui ont vu de ces cornes dans l'Inde se sont imaginé qu'elles provenaient de taureaux d'une taille gigantesque. Bruce a fait connaître le premier leur origine en décrivant le bœuf galla ou sanga; mais il s'est trompé en attribuant la grandeur de ses cornes à une maladie de l'animal qui les porte. Aujourd'hui il est prouvé que ce bœuf est absolument semblable à celui de nos climats, et ne s'en distingue que par ses cornes.

Pendant plusieurs années, l'armée des rebelles ravagea les pays voisins de la capitale, brûlant les villages et pillant les maisons. Les habitants de Gondar commencèrent à murmurer de l'inaction de Michaël, qui se décida alors à tenter les chances de la guerre. Il sortit de la ville avec le roi, l'abouna, Ozora-Esther et les principaux personnages de la cour.

L'armée royale se composait de trente mille hommes, dont cinq cents cavaliers abyssiniens, et mille qui obéissaient au prince de Choa. Le ras Michaël commandait en chef; il comptait alors soixante-quatorze ans, dont plus de cinquante n'avaient été qu'une succession de victoires. Cette armée était des plus indisciplinées ; Bruce a tracé de ce désordre une peinture animée que nous allons reproduire : « Les officiers quittaient leurs postes pour venir en foule autour du roi et du ras ; on voyait des femmes portant sur le dos des vivres, des cornes remplies de boissons et des moulins à bras pour battre le blé, tandis que d'autres femmes, montées sur des mules et à demi mortes de peur, faisaient retentir l'air de leurs gémissements. Des hommes qui conduisaient des mulets de charge, se mêlaient dans les rangs, et allaient tantôt d'un côté, tantôt de l'autre; tout cela présentait un tumulte, une confusion incroyables; il y avait plus de dix mille femmes à la suite de l'armée. »

Bruce raconte longuement l'histoire de cette campagne, et donne en détail les trois batailles de Sabraxos qui la terminèrent. Dans la seconde, il fit des prodiges de valeur, et le roi, pour le récompenser, lui donna une magnifique chaîne d'or. Il n'entre pas dans notre plan de le suivre pendant cette narration, et de retracer ces événements dont le résultat lui fut défavorable, car le ras Michaël fut renversé du pouvoir et contraint de se réfugier dans le Tigré. Privé de ce protecteur et ne pouvant plus être utile au roi, qui était à la merci des vainqueurs, quoiqu'on lui laissât un pouvoir nominal, notre voyageur obtint la permission de retourner dans sa patrie, et dès lors il prit les mesures nécessaires pour traverser le Sennaar et parvenir à Siène par le désert de Nubie.

Avant son départ, il eut une audience de congé de la reine mère, et trouva à Koscam Tensa-Christos, un des principaux ecclésiastiques de Gondar, qui lui adressa plusieurs questions sur la religion. Après une conversation assez longue, Bruce se leva et lui dit : « Révérend père, il me reste une grâce à vous demander; c'est que si je vous ai offensé, vous me pardonniez; et si je ne vous ai point offensé, vous m'accordiez votre bénédiction et le secours de vos prières, à présent que je suis au moment de mon départ pour le long et périlleux voyage que je vais entreprendre parmi des infidèles et des païens. »

Tensa-Christos, surpris d'un acte d'humilité auquel il ne s'attendait point, s'écria les larmes aux yeux : « Est-il possible, yagoubé, que vous puissiez croire que mes prières vous soient de quelque utilité? — Je ne serais point chrétien comme je m'honore de l'être, mon père, si je doutais de l'efficacité des prières d'un homme revêtu de votre caractère. » Je me courbai pour baiser sa main; mais, à mon grand étonnement, au lieu de me donner simplement la bénédiction, il posa sur ma tête une petite croix de fer, et dit l'oraison dominicale; puis il termina par ces mots en amharic : « Que Dieu vous donne sa bénédiction! » Aussitôt je me prosternai devant l'eteghé, et je me retirai chez moi, car on ne salue personne en présence des souverains. »

§ III. Voyage de Gondar à Sennaar.

Bruce partit le 26 décembre 1771, emmenant avec lui trois Grecs, un Cophte, un vieux janissaire qui avait conduit le dernier abouna, et quelques muletiers; il était joyeux de quitter un pays où il ne pouvait plus demeurer sans crainte pour sa sûreté. Le 1er janvier, il arriva au village de Tcherkin, appartenant à son ami Ayto-Confu, et il eut une surprise bien agréable en y trouvant ce jeune prince, Ozoro-Esther, sa mère, et plusieurs de ses amis intimes. Quelque hâte qu'il eût de continuer sa route, il ne put se dispenser de demeurer plusieurs jours au milieu des seules personnes qu'il regrettât de laisser en Abyssinie.

« Les environs de Tcherkin sont remplis, dit-il, de gibier de toute espèce ; il y a aussi beaucoup d'éléphants, de rhinocéros, et de buffles qui, pour la forme, ne diffèrent en rien des buffles d'Europe, mais qui sont infiniment plus féroces et plus dangereux. Il y a même une chose très-remarquable, c'est que, contre l'ordinaire des animaux qui ne sont point carnivores, ils attaquent les voyageurs et les chasseurs, et il faut beaucoup d'adresse pour leur échapper. Il semble en même temps qu'ils ne cherchent que leur aise et leur plaisir. Couchés à l'ombre des arbres les plus épais, au bord des eaux, dont ils font souvent usage, ils dorment profondément pendant le jour. La chair de ces animaux est excellente quand elle est grasse ; mais celle du mâle est dure, maigre, et d'un goût désagréable.

« Ayto-Confu, ardent amateur de la chasse, me proposa d'assister à une grande partie, ce que j'acceptai volontiers. Nous étions une trentaine de sa suite, mais nous fûmes joints par un autre groupe de cavaliers et de gens de pied, dont la principale occupation est la chasse de l'éléphant. Ces gens vivent continuellement dans les bois, et ne se nourrissent que de la chair des animaux qu'ils tuent, principalement de l'éléphant et du rhinocéros. Ils sont extrêmement adroits, légers et agiles. Leur peau est très-brune ; mais très-peu d'entre eux l'ont tout à fait noire ; leurs cheveux ne sont point laineux, et leurs traits ressemblent assez à ceux des Européens ; on les nomme les *agagéer*. Ce mot, qui vient d'*agar*, signifie couper le jarret avec une arme tranchante, ou plutôt couper le tendon du talon ; et il caractérise véritablement la manière dont on tue les éléphants, ce qu'ils exécutent ainsi qu'on va le voir.

« Deux hommes absolument nus montent un cheval ; ils sont absolument nus, parce qu'il ne faut pas que le moindre haillon puisse les faire accrocher par les branches des arbres et des buissons, quand ils veulent fuir devant leur vigilant ennemi. Un des cavaliers, placé sur le devant du cheval, tient un bâton court de la main droite, et de l'autre la bride qu'il manie attentivement. Son camarade, en croupe derrière lui, est armé d'un large sabre, dont il tient la poignée dans sa main gauche. Quatorze pouces de lame sont bien recouverts avec de la ficelle; ainsi il peut prendre cette partie de la lame avec la main droite, sans courir risque de se blesser, et, quoique cette lame soit tranchante comme un rasoir, il la porte sans fourreau.

« Dès qu'on a découvert l'éléphant occupé à brouter, l'homme qui conduit le cheval s'élance droit à lui, le plus près possible, ou, s'il fuit, il traverse devant lui dans toutes les directions en criant : « Je suis un tel; voilà mon cheval qui porte tel nom; j'ai tué votre père dans tel endroit et votre grand-père dans tel autre; à présent je viens vous tuer; vous n'êtes qu'un âne en comparaison de vos pères. » Le cavalier croit réellement que l'éléphant comprend ces paroles, parce que l'animal, irrité du bruit, cherche à frapper avec sa trompe l'objet qui l'importune, et, au lieu de se sauver comme il pourrait en fuyant, il poursuit le cheval qui tourne et retourne sans cesse autour de lui. Après avoir ainsi fait tourner deux ou trois fois l'éléphant, le cavalier galoppe tout auprès de lui, et en passant laisse glisser son compagnon, qui, tandis que l'éléphant est occupé du cheval qui passe devant lui, donne adroitement un coup de son sabre sur le haut du talon, et lui coupe le tendon qui, chez l'homme, est appelé le *tendon d'Achille*.

« C'est là le moment difficile, car il faut qu'aussitôt le cavalier revienne en arrière pour reprendre son compagnon qui s'élance sur la croupe du cheval ; ils poursuivent alors avec une extrême vitesse les autres éléphants, s'ils en ont fait écarter plus d'un du troupeau ; et quelquefois un habile agagéer en tue jusqu'à trois de la même bande. Si le sabre est bien affilé, et que l'homme n'ait pas peur en donnant son coup, le tendon est entièrement séparé, ou, s'il ne l'est pas, le poids de l'animal a bientôt achevé de le casser. L'éléphant, ne pouvant plus avancer d'un pas, tombe bientôt sous les coups de javeline des cavaliers, et expire en perdant tout son sang.

« Quelque adroits que soient ces chasseurs, l'éléphant les saisit quelquefois avec sa trompe, et d'un seul coup, terrassant le cavalier et le cheval, il lui met le pied sur le corps et lui arrache tous les membres les uns après les autres. Beaucoup de chasseurs périssent de cette manière. En outre, dans le temps où l'on fait la chasse, la terre est tellement desséchée par le soleil, qu'il y a beaucoup de crevasses, et qu'il est très-dangereux de courir à cheval.

« Quand l'éléphant est mort, on coupe toute sa chair en aiguillettes aussi minces que les rênes d'une bride, et on suspend ces aiguillettes aux branches des arbres, où elles sont bientôt desséchées par le soleil. Après quoi les agagéers les serrent sans les saler et s'en nourrissent pendant la saison des pluies. »

Dans cette chasse, on tua trois éléphants et un rhinocéros; Bruce abattit un buffle d'un coup de fusil; Ayto-Confu fit couper la tête de l'animal, il en fit bien ôter toute la chair, après quoi il la suspendit dans sa galerie parmi des trompes d'éléphants et des cornes de rhinocéros, et mit au-dessous cette inscription: « L'yagoubé tua ce buffle aux bords du Bédoui. »

Le 15 janvier, Bruce dit à ses amis un éternel adieu, et se mit en route pour le Ras-el-Fil. Le 17, il arriva au premier village de ce territoire; aussitôt qu'il fut campé, il envoya un émissaire à Gimbaro, erbab ou chef de ce district, qui lui répondit insolemment. Notre voyageur, dont la patience n'était pas la vertu dominante, mit une paire de pistolets à sa ceinture, prit un fusil armé d'une baïonnette, et, se faisant suivre de deux hommes armés chacun de deux pistolets et d'une grosse carabine, il se rendit auprès de l'insolent erbab; il le trouva dans une grande chambre garnie tout autour de têtes et de trompes d'éléphants, ainsi que de têtes de rhinocéros, d'hippopotames et même de girafes; on voyait en différents endroits de grandes peaux de lions étendues à terre en guise de tapis. Quand il entra, il aperçut l'erbab n'ayant pour tout vêtement qu'un petit morceau de toile autour des reins. Sa taille était d'une hauteur extraordinaire, et il était gros en proportion; il avait la peau très-noire, le nez aplati, les lèvres épaisses, les cheveux laineux, et ressemblait parfaitement aux ogres de nos contes de fées. Bruce se fâcha et exigea impérieusement de ce géant des vivres et des chameaux; ce qui lui fut accordé lorsqu'il l'eut menacé d'envoyer un exprès à Ayto-Confu, pour l'instruire de la rébellion de son vassal.

Dans la journée du 19, la petite troupe fut constamment précédée par un lion; il marchait sans cesse à une portée de fusil, et lorsqu'il arrivait dans un endroit découvert, il s'arrêtait regardant les voyageurs en grondant, comme s'il avait eu l'intention de leur disputer le passage. Les chevaux et les chameaux tremblaient; ils étaient couverts de sueur et pouvaient à peine marcher. A la fin, ennuyé de ce manége, Bruce prit un long fusil, et ajusta si bien le lion, qu'il le tua sur le coup.

Le 22, Bruce arriva à Hor-Cacamoot, village habité par son fidèle Yasine; il fut forcé d'y demeurer près d'un mois, car, avant de se rendre dans le Sennaar, par la route de Teaoua et de Beyla, il avait voulu s'assurer des bonnes dispositions du cheik de ce dernier endroit. La réponse ayant été favorable, et tous ses préparatifs étant terminés, il partit le 17 mars, et le lendemain il atteignit un torrent qui sert de limite au Ras-el-Fil; comme l'eau en était excellente, et qu'on n'en trouve pas entre cet endroit et Teaoua, la caravane remplit ses girbas ou outres de voyage. Une girba est une peau coupée carrément, et dont on fait une outre bien cousue par une double couture, de manière qu'elle ne laisse pas échapper l'eau ; il y a en haut de la girba une ouverture, tout autour de laquelle le cuir est plissé et prolongé d'environ quatre travers de doigt ; quand la girba est pleine, on noue bien fort le cuir avec de la ficelle. Les girbas contiennent environ deux cent quarante pintes chacune, et deux font la charge d'un chameau. On les graisse bien au dehors, afin d'empêcher l'eau de couler ou de s'évaporer par l'action du soleil.

Ce fut sur le bord de ce torrent que Bruce rompit les derniers liens qui l'attachaient à l'Abyssinie, en adressant un tendre adieu à son ami Yasine ; désormais seul, il allait poursuivre sa course aventureuse à travers des pays bien plus sauvages que ceux qu'il avait déjà parcourus.

La petite troupe ne fit halte qu'à minuit ; la route était si difficile, qu'après onze heures de marche, on n'avait avancé que de dix milles. Là, les voyageurs jouirent d'un spectacle extraordinaire ; toutes les montagnes étaient en feu. En voici le motif : « Les troupeaux qu'élèvent les Arabes ne broutent que les bourgeons et les feuilles des arbres, il n'y a point dans ces contrées d'animal qui mange de l'herbe. Aussi quand l'eau est tout à fait évaporée dans un canton, et que conséquemment les pasteurs ne peuvent plus y rester, ils mettent le feu aux bois et aux herbes sèches. La flamme, courant rapidement, brûle les feuilles et les jeunes branches, sans faire périr l'arbre; dès que les pluies recommencent, la végétation reparaît. Les sources croissent, les rivières coulent, les étangs sont remplis d'eau, et la verdure étant dans sa plus grande vigueur, les Arabes viennent revoir leur premier séjour. Cet incendie a lieu deux fois l'année. D'abord ce sont les Changalla et les chasseurs des parties méridionales de ces immenses forêts, qui y mettent le feu au mois d'octobre. Ensuite les Arabes allument au mois de mars un feu qui dure jusqu'à la fin d'avril; ils veulent, par ce moyen, préparer de la nourriture pour leurs troupeaux, et prévenir ou au moins diminuer les ravages de la mouche, ce fléau terrible et singulier. »

Nous ne raconterons pas tous les incidents des sept journées que Bruce employa à gagner Teaoua, parce qu'ils n'offrent rien d'intéressant; toujours même difficulté à avancer au milieu des bois, toujours même difficulté à se procurer de l'eau potable, et toujours même crainte des lions et des hyènes; mais Bruce pensait qu'à Teaoua, résidence du cheik de l'Atbara, il trouverait sûreté et protection.

A son arrivée, il se rendit au logement du cheik; c'était un groupe de maisons construites en roseaux et à un seul étage. Fidèle (c'était le nom du cheik) était assis par terre lisant le Coran; il parut fort surpris de voir l'étranger, et tout de suite il commença à parler mal d'Yasine, et à l'accuser d'avoir tendu des embuscades à plusieurs de ses amis qui avaient été assez heureux pour y échapper. Bruce vit alors combien il devait peu compter sur les promesses antérieures de Fidèle; et, dès qu'il fut sorti, il expédia un émissaire à Yasine, pour qu'il vînt l'aider à sortir du piége où il était tombé, et se remit à Dieu des suites de l'événement.

Quelques jours après, Fidèle le fit appeler; il était malade et demandait des secours au médecin. « Je me rendis chez lui, dit Bruce; je lui fis prendre un vomitif qui eut tout le succès que j'en espérais. Je remarquai que, pendant que Fidèle tenait la coupe où était cette médecine, ses mains tremblaient, et quand il fut au moment de l'avaler, ses lèvres tremblèrent également. Sa conscience lui inspirait sans doute des craintes sur ce qu'il était en mon pouvoir de lui faire éprouver. Les habitants de cette contrée se servent d'une espèce d'émétique qui leur occasionne des convulsions terribles. L'eau chaude que je fis prendre à Fidèle, et dont il ne connaissait pas l'usage en pareille occasion, lui fit tant de bien qu'il m'accabla de remerciements, et me promit de faire tout ce que je voudrais. »

Le lendemain, Fidèle, qui se sentait soulagé, conduisit Bruce dans son harem, afin qu'il soignât deux de ses femmes. Admis en leur présence, le médecin demanda à rester seul avec ses malades et pria le cheik de se retirer. « Qu'a-t-il besoin d'être entre nous et notre médecin? dit la plus âgée des deux femmes; toute son affaire se borne à vous payer quand vous nous aurez guéries. — Que deviendrait-il si nous étions plus malades? reprit la plus jeune; il mourrait de faim, car il n'aurait personne pour lui apprêter à manger. — Et sa boisson qui la lui préparerait? ajouta la première; sa boisson qu'il aime encore mieux que son manger. — Allons, allons, dit alors Fidèle d'un ton fort gai, nous vous connaissons. Hahim, vous n'êtes pas comme nous, faites ce qu'il vous plaira, je ne veux pas être présent. J'entends mes femmes me contrarier toute la journée. Aussi je prie Dieu que vous les guérissiez, ou que vous les rendiez muettes, afin qu'elles cessent de me fatiguer de leurs plaintes. Une femme malade est un fléau suffisant pour punir un diable; » et à ces mots il sortit. Bruce eut le bonheur de réussir dans sa cure, et il gagna la confiance de ces femmes.

Enfin le cheik leva le masque, et signifia à notre voyageur qu'il ne le laisserait pas passer, s'il ne lui donnait pas cinquante onces d'or, parce qu'il savait fort bien qu'il en avait deux mille dans ses caisses. Bruce repoussa cette demande, offrit de laisser visiter son bagage et d'abandonner tout l'or qu'on y trouverait; le cheik persista, et pendant huit jours, soit par lui-même, soit par les gens de sa maison, il chercha à rançonner le voyageur, lui refusa même les vivres qu'il lui avait envoyés jusque alors, et engagea un de ceux qui l'accompagnaient à l'assassiner pour partager ses dépouilles; mais l'honnête Abyssinien confia ce secret à Bruce, qui se tint sur ses gardes. Un jour Fidèle, se sentant de nouveau malade, l'envoya chercher; Bruce se rendit à cette invitation, bien armé et disposé à vendre chèrement sa vie.

« Dès que je fus entré : « Eh bien! me dit le cheik, avez-vous apporté le nécessaire? — Mes gens sont devant la porte et ont le vomitif dont vous avez besoin. — La peste soit de vous et de votre vomitif! j'ai besoin d'argent et non de poison. — Cheik Fidèle, je ne suis en état de vous fournir ni l'un ni l'autre; je n'ai ni argent ni poison; mais je vous conseille de boire de l'eau chaude, dont vous avez besoin. — Infidèle diable, ou qui que vous soyez, écoutez-moi, et considérez où vous êtes. C'est ici la chambre où mon père égorgea le roi de Sennaar; regardez son sang! on n'en a jamais pu effacer la trace de dessus le plancher; je sais que vous avez vingt mille piastres en or : donnez-m'en deux mille avant de sortir d'ici, ou vous êtes mort; je vous tuerai de ma propre main. » Aussitôt il prit son sabre qui était appendu au bout de son sopha, et le tirant d'un air menaçant, il jeta le fourreau au milieu de la chambre; puis retroussant sa chemise jusqu'au coude, comme un boucher, il me cria : « J'attends votre réponse! » Alors, armant un petit mousqueton que je tenais caché, je lui dis d'un air calme : « Voici ma réponse; ne bougez pas, ou vous êtes mort! » Il se renversa sur son sopha, en disant : « Au nom de Dieu, croyez que je ne faisais que badiner; » et il appela ses gens; moi, de mon côté, je fis entrer les miens, qui, par leurs armes, intimidèrent ceux du cheik; et nous nous retirâmes sans accident. »

Une circonstance contribua à faire sortir Bruce de cette pénible situation : il savait qu'une éclipse de lune allait avoir lieu; il voulut en profiter pour effrayer Fidèle. A la suite d'une autre entrevue, il lui dit : « Vendredi est le jour que vous fêtez, eh bien! si l'après-midi se passe comme un jour ordinaire, regardez-moi comme un imposteur; mais si vendredi, avant quatre heures, il paraît dans les cieux un signe extraordinaire, alors vous ne pourrez plus douter que je ne sois innocent, et que vos desseins ne soient connus à Sennaar, à la Mecque, au Caire, à Gondar, et qu'ils ne soient également odieux aux yeux de Dieu et des hommes. »

Le cheik parut déconcerté de cette prédiction, et ne répondit rien; mais avant qu'elle s'accomplît, les affaires changèrent de face. Le messager que Bruce avait envoyé de Ras-el-Fil à Sennaar, revint escorté de deux hommes, l'un appartenant au roi et l'autre à Adelan, son ministre; ils apportaient l'ordre de faire partir immédiatement l'étranger. D'un autre côté, Yasine avait écrit à Fidèle qu'il lui déclarerait une guerre à mort si son ami était retenu plus longtemps. Ces causes réunies déterminèrent le cheik à fournir les chameaux et les vivres nécessaires pour le voyage. Lorsque la paix fut scellée,

Fidèle lui dit : « Maintenant que nous sommes amis, j'imagine que nous ne verrons pas le signe dont vous m'avez menacé pour aujourd'hui. — S'il ne paraissait point, je serais un menteur, lui répondis-je. Souhaitez-vous de le voir ? — Je le souhaite, répliqua-t-il, pourvu qu'il ne fasse point de mal. — Eh bien ! lui dis-je, vous le verrez, et il ne fera point de mal à présent. J'espère, au contraire, qu'il apportera la santé, le bonheur et une abondante moisson dans tout le pays ; dans deux heures le signe sera visible. »

« D'après mes observations astronomiques, continue Bruce, j'avais bien réglé ma montre, et je savais que je ne pouvais pas me tromper de beaucoup. En effet, lorsque l'éclipse qui devait être totale devint très-apparente, je menai le cheik dehors : « Regardez maintenant, lui dis-je, et dans quelques moments cet astre sera entièrement plongé dans les ténèbres. » Il fut encore plus effrayé de ce que je lui annonçais que de ce qu'il voyait, et quand l'éclipse fut à son plus haut point, la terreur s'empara de tous les esprits, et les femmes au fond de leur appartement poussaient des cris plaintifs. Nous étions dans la cour intérieure de la maison. « A présent que j'ai tenu ma parole, annonçai-je à ceux qui étaient autour de moi, cet astre va reprendre sa clarté première, et il ne fera de mal ni aux hommes ni aux animaux. » Cependant ils ne voulurent me laisser partir que quand la lune eut reparu tout entière; alors leur courage revint peu à peu, mais l'étonnement dura encore longtemps. »

L'anxiété de Bruce cessa tout à fait le 19 avril, car ce jour-là il était auprès du cheik de Beyla, qui le reçut d'une manière amicale et hospitalière, et le félicita d'être échappé aux piéges de Fidèle. Au sortir de Beyla, notre voyageur marcha dans les bois jusqu'à la rivière de Dender; mais, après l'avoir traversée, il se trouva dans une plaine absolument rase, au milieu de laquelle étaient plusieurs villages, placés à égale distance et formant un grand demi-cercle; les toits des maisons étaient en forme de cône, ainsi qu'on le voit dans tous les pays situés dans les limites des pluies des tropiques; il fit halte dans un des villages appartenant aux Noubas.

Les Noubas, nation païenne, sont tous soldats du mek (1) de Sennaar; ils habitent les villages qui environnent la capitale à quatre ou cinq milles de distance; on les achète et on les enlève par force du Fazoul et des autres contrées du sud; mais une fois établis dans le Sennaar, ils ne cherchent jamais à déserter.

Les Noubas (Nuba de certains auteurs) ont de petits traits, les cheveux laineux, le nez aplati; leur langage est doux et sonore. Ils adorent la lune, et toutes les fois que cet astre éclaire les nuits, on

(1) Ce nom, ou plutôt celui de Melck, est le titre indigène des chefs de la haute Nubie, que les Européens ont traduit par le mot de roi.

voit avec quelle satisfaction ils lui rendent hommage. Quand la lune est nouvelle ils sortent de leurs grottes obscures; ils prononcent des prières et témoignent la plus vive joie par le mouvement de leurs pieds et de leurs mains. Les prêtres ont beaucoup d'influence sur le peuple; ils sont distingués par de gros anneaux de cuivre qu'ils portent autour du poignet; ils en mettent quelquefois aussi un ou deux au bas de leurs jambes.

L'immense plaine qu'habitent les Noubas n'a d'autre eau que celle des puits. Dans un climat aussi chaud que celui-là, on n'a guère besoin d'allumer du feu, et on n'a pas même de quoi en faire; il n'y a ni tourbe, ni rien de semblable, et depuis les bords du Dender on ne voit d'arbres d'aucune espèce. Cependant les habitants n'ont point, comme en Abyssinie, la coutume de manger de la viande crue; mais avec la tige du dourra ou du millet, et avec la fiente des chameaux, ils chauffent des fours sous terre, et ils y font cuire des cochons tout entiers.

Les Noubas ne se servent ni de pierre, ni de briquet pour allumer du feu; ils ont un moyen plus prompt: ils prennent un petit morceau de bois pointu, qu'ils appuient perpendiculairement sur un autre horizontalement placé, dans lequel ils ont fait un petit trou; ensuite ils tournent entre leurs mains celui qui est debout, comme lorsqu'on veut faire mousser du chocolat, et dans l'instant la flamme pétille, tant est combustible tout ce qui couvre cette partie de la terre, où la pluie tombe pourtant, tous les ans, six mois de suite.

Ce fut à peu de distance de ces villages que Bruce éprouva les effets d'un de ces tourbillons que les marins appellent un syphon ; voici ce qu'il dit de ce phénomène. « La plaine était d'un sol rougi qui avait été détrempé par la pluie tombée pendant la nuit. Un malheureux chameau se trouva dans le centre du tourbillon, enlevé et jeté à une distance considérable; il eut plusieurs côtes cassées ; pour moi, j'étais assez éloigné du centre, mais je n'en fus pas moins renversé, et je tombai si rudement le visage contre terre, que le sang me jaillit du nez. Deux de nos gens eurent le même sort; le vent nous couvrit le corps d'un enduit de boue tout aussi bien appliqué que si on nous l'avait mis avec une truelle. Je perdis un instant connaissance, je cessai de respirer, et quand je repris mes sens, je me trouvai le nez et la bouche remplis de fange; je jugeai que la sphère du tourbillon avait environ deux cents pieds d'étendue; il abattit la moitié d'une petite hutte comme si on l'avait tranchée avec un couteau, et dispersa ses débris dans la plaine, laissant l'autre moitié debout. »

Bruce et les siens demandèrent l'hospitalité à des Noubas dont le village était proche ; les sauvages leur dirent que ce tourbillon était un signe certain que leur voyage serait heureux ; c'est une de leurs superstitions.

Le 29 avril, Bruce était sur le bord du Nil, qu'il devait traverser pour entrer à Sennaar. « Notre rassemblement sur le rivage et le passage de nos chameaux semblaient avoir excité la curiosité et la voracité des crocodiles; un entre autres parut plusieurs fois, nageant autour du bateau, sans pourtant nous attaquer; cependant, ennuyé d'un pareil voisinage, je pris un long fusil de chasse et lui tirai une balle qui l'atteignit un peu au-dessous de l'épaule; un pareil coup était sans doute mortel, et peu d'animaux auraient pu vivre un seul instant après l'avoir reçu; mais celui-ci nagea encore jusqu'au fond de l'eau, laissant le fleuve teint de son sang.

« Les gens du passage le trouvèrent mort le lendemain, et me l'apportèrent; je le leur abandonnai, car les habitants du Sennaar, et surtout les Noubas, mangent la chair du crocodile, et je n'étais pas désireux d'un semblable régal. »

§ IV. Séjour de Bruce à Sennaar. — Histoire, mœurs et coutumes de ce royaume.

Le 30 avril, Bruce fut mandé par le roi, et se hâta de se rendre auprès de lui. Le vaste palais du roi est bâti d'argile, à un seul étage, et les chambres sont pavées en terre bien battue. Le roi était dans une pièce carrelée avec de grands carreaux de briques, recouverts de tapis de Perse. Il était assis sur un matelas garni d'un tapis et chargé de coussins de drap d'or de Venise. Mais les vêtements de ce prince ne répondaient pas à la magnificence qui l'environnait ; il n'avait sur le corps qu'une grande chemise de toile de coton bleu, qui ne différait des chemises de ses esclaves que parce que l'ourlet du bas et le colet étaient garnis d'un double point de soie blanche. Le prince avait la tête nue, les cheveux courts et très-noirs, et le teint aussi clair qu'aucun Arabe. Ses pieds étaient nus, mais presque recouverts par sa chemise ; il paraissait âgé de trente-cinq ans ; sa contenance annonçait un homme doux, timide et irrésolu ; il y avait du côté de la chambre opposé à celui où le roi était assis, quatre hommes vêtus de longues chemises de toile blanche, et ayant chacun un châle blanc, qui leur couvrait la tête et une partie du visage ; ce qui indiquait qu'ils étaient prêtres, gens de loi ou savants.

Bruce présenta les lettres du roi d'Abyssinie et du chérif de la Mecque ; lorsque le roi en eut pris lecture, il lui demanda par quel motif il était sorti de son pays et venu dans le Sennaar. Bruce eut beaucoup de peine à lui faire comprendre que c'était par pure curiosité. Cependant le prince parut satisfait et le renvoya avec bonté.

Le même soir on prévint Bruce que le roi était disposé à recevoir les présents qui lui étaient destinés. Cette entrevue montrant ce prince sous un autre aspect, nous en prenons le récit dans la relation. « Le roi était entièrement nu ; il avait divers vêtements sur ses genoux ou dispersés autour de lui, et un esclave lui frottait le corps avec une espèce de graisse puante, tandis que ses cheveux en étaient déjà si imprégnés, qu'ils dégouttaient de tous côtés, comme s'il eût trempé sa tête dans l'eau. Le roi me demanda si je me frottais le corps comme lui, et me dit qu'il employait de la graisse d'éléphant, afin de donner de la force et de la souplesse à la peau. « Je la crois très-utile, répliquai-je, mais l'odeur m'en paraît tellement insupportable, que j'aimerais mieux avoir la peau aussi rude que celle d'un éléphant, que d'être obligé de me servir de cette graisse. — Si vous vous en serviez, répondit-il, vos cheveux ne seraient pas si rouges qu'ils le sont, et ne deviendraient pas tout blancs. Voyez les Arabes qui ont été chassés de nos contrées : depuis qu'ils n'ont plus de graisse pour frotter leurs cheveux, le soleil les leur fait rougir, et ensuite ils blanchissent. Quant à l'odeur, vous ne la sentirez plus dans un instant. »

« Après qu'on l'eut bien frotté, ses esclaves lui apportèrent une belle corne dans laquelle il y avait quelque chose d'odorant aussi liquide que du miel, dont on l'oignit après qu'il eut été préalablement bien lavé d'eau fraîche ; puis il s'habilla. J'offris mes présents ; le roi me fit servir du sorbet, et je bus en sa présence, ce qui devint un garant de la sécurité de ma personne ; puis je me retirai. »

A quelques jours de là, Bruce eut une audience d'Adelan, premier ministre ; il campait toujours à

Aira, à trois milles de Sennaar; deux ou trois grandes maisons à un étage occupaient le milieu d'une enceinte carrée, qui, au lieu de murailles, était entourée de très-hauts roseaux bien arrangés en fascines et liés ensemble avec des cordes.

Dans l'enceinte carrée, on voyait plusieurs rangs de chevaux attachés à des pieux, la tête tournée du côté des barraques où logeaient les soldats. Vis-à-vis de chaque cheval, était suspendue une cotte de mailles en acier, couverte d'une peau d'antilope, pour empêcher la rosée de la tacher; au-dessus de cette cotte de mailles était un casque de cuivre, sans crête et sans plume, et un énorme sabre au fourreau de cuir rouge, au pommeau duquel pendaient deux gros gants dont la main n'était pas divisée en doigts, mais formait une seule poche.

Le cheik Adelan, âgé d'environ soixante ans, était un homme de près de six pieds de haut; il avait les traits et la couleur d'un Arabe et non d'un nègre, et sa barbe était bien plus épaisse qu'on ne le voit ordinairement dans le pays. Il reçut Bruce avec bienveillance, et lui promit sa protection, beaucoup plus efficace que celle du roi.

Les lettres de recommandation de notre voyageur mentionnaient sa qualité de médecin; il ne fut donc pas étonné lorsqu'il reçut une invitation du roi de donner des soins à une de ses femmes. « On me conduisit, dit-il, dans une grande chambre obscure où étaient une cinquantaine de femmes, n'ayant pour tout vêtement qu'un morceau de toile de coton autour des reins ; dans une autre pièce, je vis sur un grand sopha trois femmes vêtues avec des chemises bleues qui les couvraient depuis le cou jusqu'à la plante des pieds. L'une de ces femmes, la favorite du roi, avait environ cinq pieds et demi de haut; elle était excessivement grosse, et me parut, après les éléphants et les rhinocéros, la plus grosse des créatures vivantes que j'eusse jamais vues; ses traits étaient exactement ceux d'une négresse; un anneau d'or passé dans sa lèvre inférieure la faisait retomber jusqu'au menton, et laissait à découvert ses dents, qui étaient extrêmement belles. Elle avait noirci le dedans de ses lèvres avec de l'antimoine. Ses oreilles pendaient jusqu'à ses épaules, et avaient l'air de deux ailes. Elle portait à chacune de ses oreilles un anneau d'or presque aussi gros que le petit doigt, et qui avait au moins cinq pouces de diamètre. Aussi le poids de ces anneaux avait tellement élargi les trous de l'oreille, qu'on aurait pu y passer aisément trois doigts à la fois. Cette femme avait le cou paré d'un collier d'or à plusieurs rangs, auquel étaient suspendus beaucoup de sequins percés. Elle portait au-dessus de la cheville de chaque pied une chaîne d'or très-grosse, mais dont les anneaux étaient creux. »

Pendant plusieurs jours, Bruce soigna cette singulière malade, et lui rendit la santé. Malgré ce service, il était en butte à de nombreuses vexations, au point qu'il ne pouvait sortir de chez lui; il employa les moments de cette reclusion forcée à recueillir et à rédiger de curieuses observations sur cette étrange monarchie de Sennaar, dont les mœurs et les coutumes étaient alors entièrement inconnues à l'Europe.

Le Sennaar, d'abord habité par un peuple de pasteurs indigènes, fut envahi par les Arabes et occupé par eux jusqu'à la fin du XVe siècle, époque à laquelle la nation nègre des Shillouks, s'embarquant sur le Nil blanc, fit la conquête de tout le pays. Amra, leur chef, fut le fondateur d'une nouvelle monarchie, et bâtit la ville de Sennaar l'an 890 de l'hégire, 1484 de l'ère chrétienne. Primitivement idolâtres, les Shillouks devinrent bientôt mahométans et prirent le nom de Fungi, qui signifie conquérants ou citoyens libres, et qui s'applique à tous ceux qui sont nés à l'orient du Bahar-el-Albia.

Mais les Fungi ne peuvent pas se vanter d'être citoyens libres, puisque le premier titre de noblesse dans ces contrées est celui d'esclave, il n'y en a même pas d'autres. Là, tous les emplois, toutes les dignités sont mésestimés et précaires, à moins que celui qui en jouit ne soit un esclave.

La source où Bruce a puisé la chronologie des souverains fungi, est un ouvrage aussi extraordinaire que tout ce qui concerne leur histoire : c'est le registre du bourreau. Une des singularités de ce peuple, c'est que le roi ne peut monter sur le trône qu'à la condition d'être légalement mis à mort, si, dans un conseil tenu par les grands officiers de l'État, on reconnaît que l'intérêt de la nation exige qu'il cesse de régner. Un homme choisi dans la famille du monarque est chargé de l'emploi qui lui donne le droit de tuer son parent et son souverain. Cet officier porte le titre de sid-el-coum, c'est-à-dire maître de la maison du roi ; il n'a point de voix dans le conseil qui juge le prince, et jamais on ne lui fait un crime de remplir sa charge, quel que soit le nombre de rois qu'il ait fait mourir.

Cet étrange personnage fut du petit nombre de ceux avec qui Bruce se lia, et c'est à son intimité qu'il dut ses connaissances de l'histoire du Sennaar.

A la mort du roi, son fils aîné lui succède de droit; aussitôt tous les frères du prince qui monte sur le trône sont égorgés de la main du sidi-el-coum. Les femmes ne succèdent jamais à la couronne, et les filles du roi ne jouissent d'aucun privilége particulier.

La famille royale est de race nègre, mais souvent le roi s'allie à des femmes arabes; alors ses enfants ont la couleur de leurs mères, ce qui n'est pas une exclusion. Ismaïn, qui régnait du temps de Bruce, était presque blanc.

Le roi est obligé, une fois dans sa vie, de labourer et de semer un champ de sa propre main. C'est ce qui lui vaut le nom de *bady*, qui signifie l'homme des champs. Ce nom est commun à tous les rois; ainsi on disait bady Ismaïn.

Il meurt une immense quantité d'enfants dans la capitale et aux environs, et le pays serait bientôt dépeuplé sans la multitude d'esclaves qu'on y transporte sans cesse des différents cantons de l'Afrique centrale. Les habitants du Sennaar sont grands et robustes; mais ils ne vivent pas vieux, ce qu'on doit attribuer aux excès auxquels ils se livrent dès l'enfance.

Aucune espèce de bête de somme ne peut vivre à Sennaar; on ne saurait y garder une année entière un chien, un mouton, un taureau. Il faut les envoyer six mois dans les sables, autrement ils meurent durant la saison des pluies. C'est pourquoi Adelan tenait sa cavalerie à Aira dans les sables. Bruce, instruit de cette particularité, avait donné ses chevaux à Yasine, et ses mulets périrent en quelques semaines.

Il ne croît à Sennaar ni jasmins, ni rosiers; il n'y a d'arbres que quelques citronniers. La ville est bâtie sur la rive orientale du Nil, et très-près de ses bords. Cependant l'élévation du sol la met à l'abri des débordements. Elle est très-peuplée; on y voit plusieurs belles maisons construites suivant la mode du pays. Celles des principaux officiers sont à deux étages et ont des toits en terrasses, construction qui paraît singulière, parce que dans les autres villes ou villages, situés dans les limites des pluies du tropique, les toits sont en forme de cônes. Les maisons sont d'argile, mêlée d'un peu de paille, ce qui prouve que les pluies doivent y être moins abondantes que dans le sud.

Le climat du Sennaar est très-défavorable à l'homme; cependant le sol fournit des vivres en abondance. Tous les environs sont couverts de dourra ou de millet, qui est la principale nourriture des habitants. On y recueille aussi du froment, mais en petite quantité. Le sel se tire du sein de la terre, dans les environs de la capitale.

De petits villages sont répandus çà et là dans l'immense plaine au milieu de laquelle Sennaar est située, et les soldats qui les occupent veillent sur le dourra qu'on y sème. Il y a de distance en distance de grandes mares qui se remplissent pendant la saison des pluies, et qui servent aux Arabes quand ils passent des champs cultivés dans les déserts, où le zimb ne les poursuit jamais. C'est peut-être pour cette raison que le fondateur de Sennaar a choisi la position que cette ville occupe.

Il n'y a point de campagne plus agréable à l'œil que celle de ce pays à la fin d'avril et au commencement de septembre. Cette immense plaine est alors tapissée de verdure, entrecoupée par de grandes pièces d'eau et par des villages dont les toits, formant des cônes, offrent l'apparence de petits campements. A travers la plaine, on voit serpenter majestueusement le Nil, le long duquel errent de nombreux troupeaux. Sitôt que les pluies cessent et que le soleil exerce sa brûlante influence, le dourra mûrit, les feuilles jaunissent et meurent, les lacs se putréfient, toute la beauté de la campagne disparait. La Nubie offre de nouveau l'image de la stérilité ; on ne voit, on ne sent plus que les chaleurs accablantes, les vents empoisonnés, les sables mouvants, et tous les maux auxquels expose ce terrible climat.

La manière dont on s'habille à Sennaar est fort simple : l'on porte une longue chemise bleue de toile de coton, qui prend du bas du cou jusqu'aux pieds. Toute la différence qu'il y a entre les vêtements des hommes et ceux des femmes, c'est que les hommes ont le cou nu, et que le collet de la chemise des femmes monte jusqu'au haut du cou et est boutonné. Les hommes ont quelquefois une ceinture ; les deux sexes marchent pieds nus dans les maisons, même les gens de la première distinction. Les appartements, surtout ceux des femmes, sont couverts de tapis de Perse. Quand ils sortent dans le beau temps, ils portent des sandales et des espèces de patins de cuir, ornés de coquillages, d'une façon très-élégante.

Les Sennaarins, au lieu de se baigner durant les grandes chaleurs, se font jeter plusieurs seaux d'eau sur le corps. Les hommes aussi bien que les femmes s'oignent au moins une fois par jour avec de la graisse de chameau, mêlée à de la civette. Ils prennent chaque matin une chemise propre ; mais, afin de conserver leur peau, ils couchent toujours avec une chemise trempée dans la graisse et sans aucune couverture; ils dorment sur un cuir de bœuf bien tanné, bien adouci par le frottement continuel de cette graisse, et en même temps très-frais, mais qui leur communique une odeur que le soin avec lequel ils se lavent ne leur ôte pas.

La principale nourriture des gens pauvres est du pain de maïs. Les riches font d'abord rôtir la farine de maïs, dont ils font une espèce de gâteau avec du beurre et du miel. En outre, ceux-ci se nourrissent de bœuf en partie rôti et en partie cru. Cependant la viande de chameau est celle qu'on trouve communément au marché. Leurs bœufs sont, sans contredit, les plus gros, les plus gras et les plus beaux du monde entier. Le foie et les côtes se mangent crus. « L'usage de manger de la viande crue, remarque Bruce, n'est donc pas particulier à l'Abyssinie. Toutes les nations nègres qui habitent à l'ouest mangent ainsi la viande de chameau. »

La maladie qui fait le plus de ravage dans le pays, c'est la dyssenterie; la petite vérole ne s'y montre qu'à des époques éloignées. Les négresses esclaves pratiquent de temps immémorial une sorte d'inoculation qu'on appelle *achat de la petite vérole*. Ces femmes font elles-mêmes cette opération, et elles choisissent toujours pour cela le temps le plus sec et le plus beau de l'année. Dès qu'elles apprennent que la petite vérole s'est déclarée quelque part, elles s'y rendent; et, mettant une bande de toile ou de coton autour du bras de la personne malade, elles demandent à la mère combien elle veut leur vendre de grains de petite vérole. Il est nécessaire, suivant elles, que le marché se fasse d'une manière rigoureuse, qu'il n'y entre point de complaisance, et qu'on paye au moins une ou deux pièces d'argent. Les choses étant ainsi réglées, elles reprennent leur bande de toile déjà imprégnée du virus variolique, et elles reviennent chez elles l'attacher au bras de leur enfant, qui, à ce qu'elles prétendent, est inoculé sans danger, et n'a jamais plus de grains de petite vérole qu'elles n'en ont spécifié dans leur marché.

Le commerce de Sennaar n'est pas considérable; il n'y a point de manufactures, et le principal objet de consommation est la toile de coton bleu de Surate. Jadis on importait une immense quantité de marchandises des Indes, qui étaient ensuite dispersées parmi les nations nègres. Les retours se faisaient en poudre d'or qu'on appelle *tibbar*, en civettes, en cornes de rhinocéros, en dents d'éléphant, en plumes d'autruche, et surtout en esclaves. Le commerce de la poudre d'or et de l'ivoire est presque entièrement perdu. Cependant l'or de Sennaar conserve encore la réputation d'être le plus pur et le plus beau de l'Afrique.

Pendant que Bruce recueillait ces observations, les jours s'écoulaient, et sa position ne changeait pas; il n'avait pu obtenir de secours ni du roi, ni d'Adelan, et, pour nourrir ses sept compagnons, il s'était vu forcé d'emprunter quelque argent ; il ne pouvait donc pas rester plus longtemps à Sennaar. D'un autre côté, il n'avait ni chameaux pour porter ses vivres et ses bagages, ni même de provisions ; il se vit forcé, quoique à regret, de vendre la chaîne, présent du roi d'Abyssinie ; ce qui lui donna la facilité d'acheter les objets nécessaires à son voyage.

Nous passerons sous silence les contrariétés sans nombre que Bruce eut encore à éprouver, les ruses dont il se servit pour tromper Ismaïn et partir sans sa permission, et nous dirons en citant ses propres expressions : « Le 5 septembre, je fus enfin prêt à quitter la capitale de la Nubie, où je fus mal vu dès mon arrivée, et où chaque jour accrut mes inquiétudes et mes dangers. Je me flattais qu'une fois hors de cette ville, je serais affranchi de la plus grande partie de mes maux, car je n'appréhendais que les maux que les hommes pouvaient nous faire, et je venais de voir sans contredit les plus méchants et les plus barbares de tous les hommes. »

§ V. Voyage de Bruce dans le désert de Nubie. — Fin de ses aventures.

Bruce mit un mois à faire le trajet de Sennaar à Chendy, où il comptait se reposer avant de s'engager dans le désert. Chendy est un grand village et le chef-lieu du district du même nom, dont le gouvernement appartient à une femme qu'on appelle Sittina, c'est-à-dire la maîtresse ou la dame (1). Notre voyageur alla présenter ses hommages à la Sittina ; il la trouva magnifiquement habillée, portant sur sa tête un bonnet d'or massif, mais pourtant assez mince, autour duquel pendaient plusieurs sequins. Elle avait le cou paré de colliers et de chaînes de même métal ; ses cheveux formaient dix ou douze tresses différentes, qui lui tombaient jusqu'au-dessous de la ceinture ; une mousseline ordinaire l'enveloppait négligemment ; mais derrière ses épaules était attachée une large écharpe de satin pourpre, qui, sans couvrir ses épaules, venait se nouer à la ceinture avec une grâce singulière ; elle portait des bracelets d'or d'un demi-pouce d'épaisseur au moins, et au bas de la jambe elle avait aussi des anneaux d'or plus gros du double. Cette princesse, âgée d'environ quarante ans, était d'une taille au-dessus de la moyenne ; elle avait le visage joufflu, la bouche grande, les lèvres très-grosses, des dents et des yeux magnifiques. Mais elle s'était fait avec de l'antimoine, au bout du nez et entre les yeux et les sourcils, une marque carrée de la grandeur des mouches que portaient autrefois les dames, et une autre marque plus longue au milieu du nez, et enfin une autre sous le menton.

(1) Caillaud assure que tout ceci est une invention de Bruce, que jamais Chendy n'a été gouverné par une femme ; aucun des vieillards qu'il a questionnés à ce sujet n'a varié dans ses réponses, et cela seulement cinquante ans après le passage de Bruce.

La Sittina offrit à Bruce sa protection, et lui promit de lui fournir tout ce dont il aurait besoin, jusqu'à ce qu'il eût trouvé un hybeer auquel il pût se fier.

Comme c'est la première fois que nous avons eu occasion de parler des hybeers, il est bon de faire connaître ce qu'ils sont et l'emploi qu'ils exercent.

Un hybeer est un guide; ce nom vient du mot arabe *hubbar,* qui veut dire informer, diriger. Aussi conduisent-ils les caravanes qui traversent le désert dans toutes ses directions. Les hybeers sont très-considérés; ils connaissent parfaitement la situation et la qualité de toutes les eaux qu'on peut trouver en chemin; ils savent la distance des puits; ils savent s'ils sont occupés par quelque campement ennemi, et dans ce cas ils indiquent le moyen de les éviter avec le moins d'inconvénient possible. Il est également nécessaire que les hybeers connaissent bien les endroits où règne le *simoun,* et les saisons où le vent pestiféré souffle dans les différentes parties du désert. Jadis chaque hybeer appartenait à quelque puissante tribu d'Arabes, qu'il intéressait en faveur de la caravane confiée à ses soins; mais à mesure que l'importance des communications diminua, celle des hybeers déchut en proportion.

Bruce traita avec un de ces guides, nommé Idris, et le 20 octobre la caravane se mit en route. Le lendemain on passa au pied d'une montagne où on trouva des ruines d'architecture antique, « les premières, dit Bruce, que j'eusse vues depuis Axoum; il est presque impossible de ne pas s'imaginer que ce sont celles de Meroë.

« Les auteurs anciens font mention de quatre fleuves qui formaient l'ile de Meroë · le premier est l'Astusaspes, ou le fleuve Mareb; le second est le Tacazé, nommé Siris par les Grecs, et Astaboras par les habitants de ces contrées; il forme, comme l'a dit Pline, le canal à gauche de l'Atbara de nos cartes, ou, comme l'appelèrent les Grecs, de l'ile de Meroë.

« A l'occident et à main droite, est un autre fleuve considérable, connu à présent sous le nom de fleuve Blanc, et nommé par les anciens Astapus; ce fleuve se jette dans le Nil, et forme avec lui le canal qui contourne à droite l'île de Meroë. Le Nil porte ici le nom de fleuve Bleu; et puisqu'il est bien reconnu que ces quatre fleuves sont ceux qui entouraient Meroë, l'Atbara actuel est le Meroë des anciens. »

M. Caillaud est d'accord avec Bruce sur la position de l'ile de Meroë, dont il a exploré les ruines, ainsi que nous le raconterons plus loin. Quant à ce que Bruce avance sur le fleuve Blanc, il se trompe évidemment; mais nous devons faire observer qu'il ne pouvait parler autrement. Pour lui, le Nil Bleu est le vrai Nil, c'est celui dont il a vu les sources. Que serait devenue sans cela la découverte dont il s'est si souvent glorifié?

Après avoir traversé le Tacazé, un demi-mille au-dessus de son confluent avec le Nil, et après un séjour à Gooz, petit village autrefois fort important comme point central des caravanes, et capitale du Berber, Bruce entra enfin dans le désert le 11 novembre 1772. « Notre caravane, dit-il, était composée du Turc Ismaël, de deux domestiques, du vieux Georgis, presque aveugle, de deux jeunes Berbers, qui se chargèrent de prendre soin des chameaux, d'Idris, d'un jeune homme de ses parents et de moi ; en tout, neuf personnes.

« Six d'entre nous étaient armés de mousquets, de sabres, de pistolets, de fusils à deux coups ; Idris et son parent avaient chacun une lance, parce que c'était la seule arme dont ils sussent faire usage ; de plus, six Turcororys vinrent se joindre à nous. Nous avions quatre outres de cuir, qui pouvaient contenir ensemble quatre cent trente pintes d'eau ; nos vivres consistaient en vingt-deux sacs de peau de chèvre, remplis d'une espèce de biscuit fait avec de la farine de dourra, et qu'on prépare à Gooz exprès pour les caravanes. Lorsque ces biscuits sont très-secs, on les réduit en poudre, afin de pouvoir les presser dans ces peaux, que l'on remplit bien. Quand on veut manger cette poudre, on la détrempe dans de l'eau ; elle gonfle au sextuple. Nous réglâmes que chacun de nous se contenterait le matin d'une poignée de poudre, délayée dans une moitié de calebasse remplie d'eau ; nous avions encore une pareille ration chaque soir, une demi-ration deux heures avant midi, et une seconde demi-ration à une heure. Tous, sans exception, nous étions à pied, et bientôt, nos souliers ne pouvant plus nous servir, nous marchions pieds nus sur du sable brûlant, ce qui nous rendait la route extrêmement pénible.

« Le 14, nous fûmes tous à la fois surpris et épouvantés par un des spectacles les plus magnifiques qui pussent frapper nos yeux. Nous vîmes à l'ouest et au nord-ouest de nous, à différentes distances, s'élever du sein de cet immense désert un grand nombre d'énormes colonnes de sable, qui tantôt couraient avec une prodigieuse rapidité, et tantôt s'avançaient avec une majestueuse lenteur. Quelquefois nous tremblions qu'elles ne vinssent tout à coup nous accabler, mais ensuite elles s'éloignaient au point que nous pouvions à peine les distinguer. Elles s'élevaient à une si grande hauteur, qu'elles se perdaient dans les nuages; souvent elles se brisaient très-haut, et ce volume énorme de sable se dispersait dans les airs. Quand elles se rompaient vers le milieu, elles faisaient un bruit semblable à l'explosion d'un canon. Vers midi, un vent violent soufflant du nord, les colonnes s'avancèrent rapidement vers nous, et nous en comptâmes onze rangées à environ trois milles. Le diamètre de la plus grande me parut, à cette distance, d'environ dix pieds. Heureusement le vent changea, et les colonnes s'éloignèrent, mais en me laissant une impression qu'il est impossible de définir; c'était un mélange d'étonnement, de terreur et d'admiration. C'eût été en vain que nous eussions voulu fuir : le cheval le plus léger, le vaisseau le plus rapide, n'égalent point leur célérité; la persuasion où j'étais de ne pouvoir leur échapper me fit rester longtemps immobile à les contempler, de sorte qu'ensuite, boiteux comme je l'étais, j'eus de la peine à rattraper nos chameaux.

« Le lendemain, au point du jour, nous revîmes ces colonnes à deux milles de distance; au lever du soleil, elles parurent comme un bois épais et obscurcissant le ciel; puis les rayons, pénétrant à travers, leur donnèrent l'air de véritables colonnes de feu; alors tous nos compagnons furent au désespoir. Cependant elles disparurent sans nous causer le moindre accident.

« Il n'en fut pas de même le jour suivant. A onze heures du matin, Idris nous cria : Jetez-vous à terre, voici le simoun! » Je vis venir du sud-est un nuage aussi rouge que le pourpre de l'arc-en-ciel; il avait environ vingt brasses de longueur, et n'était qu'à douze pieds au-dessus du sol; il s'avançait avec une extrême rapidité, car à peine eus-je le temps de me détourner vers le nord pour me jeter à terre, que je sentis la chaleur qui me frappait le visage. Nous restâmes tous la bouche collée au sable comme si nous étions morts, jusqu'à ce qu'Idris nous avertit que nous pouvions nous relever. Le météore était en effet passé, mais l'air était encore si chaud, que nous courions risque d'être suffoqués ; pour moi, je sentis bien que j'en avais respiré une partie, et je fus dès ce moment attaqué d'une espèce d'asthme, qui ne guérit que deux ans après.

« Ce vent terrible continua, au point que nous fûmes presque entièrement épuisés, et cependant son souffle était si faible, qu'à peine il aurait pu soulever une feuille d'arbre. Quand il eut cessé, nous étions dans le plus grand abattement, et nous n'arrivâmes à la halte qu'avec une difficulté extrême. »

Cependant la petite caravane poursuivait sa route; les colonnes de sable mobile, le simoun, la fatigue, la faim, la soif, tout contribuait à l'affaiblissement de nos pauvres voyageurs, que leurs pieds déchirés et couverts de pustules avaient peine à porter. Il ne restait pourtant pas deux manières de sortir de cette terrible situation : il fallait ou marcher ou périr ; car, s'ils avaient monté les chameaux, ils auraient été obligés d'abandonner leurs vivres et se seraient vus mourir de faim.

Le récit que Bruce a tracé des dernières journées de son voyage est si dramatique, que nous le citons en entier : « Le 27 novembre, nous voulûmes faire lever nos chameaux, mais ce fut en vain. Nous ne pûmes réussir qu'à en faire mettre un sur ses jambes, et encore n'y avait-il pas été deux minutes, qu'il tomba et ne put plus se relever. De quelque côté que nous pussions nous tourner, la mort était devant nous. Nous manquions de force, de temps et de provisions. J'avais enduré jusque alors assez patiemment le mal que j'avais aux pieds; mais mes blessures étaient devenues insupportables, et je tremblais que la gangrène ne s'y mît; j'avais trois ulcères au pied droit, et deux au pied gauche, d'où coulait continuellement une grande quantité de pus.

« Nous remplîmes alors nos petites outres pour les porter sur nos épaules, mais elles ne contenaient pas assez d'eau pour les trois jours qu'il nous fallait, suivant mon calcul, pour nous rendre à Syène. Voyant que nos chameaux ne pouvaient absolument se lever, nous en tuâmes deux, afin que leur viande pût nous servir à défaut de pain; nous trouvâmes dans l'estomac de ces animaux environ seize pintes d'eau.

« Toutes les personnes qui connaissent l'histoire naturelle savent que le chameau a deux réservoirs, dans lesquels il porte la quantité d'eau dont il a besoin pour tout le temps qu'il sait devoir en manquer dans les contrées où il est accoutumé à voyager. Quand il rumine ou qu'il mange, on le voit sans cesse tirer de ce réservoir des gorgées d'eau dont il se sert pour délayer ce qu'il a dans la bouche. Celle que nous trouvâmes dans les chameaux que nous venions de tuer était un peu changée, un peu bleuâtre, mais elle n'avait ni mauvaise odeur ni mauvais goût.

« Les faibles restes de notre misérable provision de pain noir et d'eau sale, qui nous avaient si longtemps soutenus au milieu des sables brûlants, étaient presque entièrement épuisés, et notre courage défaillait par l'incertitude du terme de notre voyage. La mort, la mort seule était partout devant moi; et dans ces affreux moments de douleur et de désespoir, le sentiment de l'honneur, loin de relever mon courage, me présentait tout ce qui pouvait ajouter à mon malheur; j'étais le seul tourmenté par ces peines secrètes; mes compagnons ne pouvaient ni les partager ni les sentir.

« Mon quart de cercle, ma pendule à secondes, mes télescopes, toutes les notes, toutes les descriptions, tous les dessins que j'avais faits depuis mon départ du Caire jusqu'à Saffîcha, où j'étais en cet horrible moment, furent mis en tas pour demeurer avec les carcasses de nos chameaux, et, au lieu de ces papiers si précieux, je me voyais réduit à n'emporter que la douloureuse certitude de ne pouvoir plus soutenir l'authenticité de mes voyages que par ma seule attestation, et d'être enfin obligé de renoncer à l'honneur que j'avais mérité en exécutant avec tant de constance, de fatigue et de dangers, une entreprise qu'on avait crue impraticable depuis plus de deux mille ans.

« Le 27, nous marchâmes pendant cinq heures et

demie, et le soir nous nous arrêtâmes au pied de quelques arbres, les premiers que nous eussions vus depuis que nous avions quitté le Nil.

« Nous nous remîmes en marche le 28, et bientôt nous entrâmes dans un défilé étroit, entre des montagnes très-escarpées. Quelques instants après, nous trouvâmes le lit d'un torrent où il y avait des arbres. Quoique malade et accablé de fatigue, je ne me fus pas plutôt un peu rafraîchi avec le reste de mon pain et de mon eau, que je tâchai de gagner une hauteur, afin de pouvoir jeter un coup d'œil sur la campagne. J'eus beaucoup de peine à grimper sur le haut de la colline, et je fus cruellement affecté de ne pas voir le Nil. La soirée était fort tranquille : en m'asseyant et en fermant les yeux, pour que rien ne pût me distraire, j'entendis très-distinctement le bruit des eaux, que je jugeai être celles de la cataracte. Mais le bruit venait du sud, et il semblait que nous avions dépassé la cataracte ; néanmoins je ne doutai pas que ce fût le Nil.

« Persuadé qu'en continuant notre route au N.-O. nous arriverions à Syène, je retournai vers mes compagnons ; il était déjà nuit, et je trouvai, en revenant, Idris, qui était en peine de moi et tâchait de suivre la trace de mes pas.

« Lorsque je fis part de ce que je venais de voir et d'entendre, un cri de joie suivit mon rapport. Chrétiens, musulmans, païens, tous fondirent en larmes, tous s'embrassèrent les uns les autres, rendant grâces à Dieu de leur délivrance, m'exprimant leur gratitude des attentions continuelles que j'avais eues pour eux durant ce pénible voyage, et me saluant par le nom de Abou-Terege, c'est-à-dire père de la prévoyance, seule récompense qu'il fût en leur pouvoir de me décerner.

« Le 29, nous découvrîmes les palmiers de Syène, et dans la journée j'entrai dans la ville, où je fus bientôt installé, par les soins de l'aga, dans la même maison que j'avais habitée lors de mon premier séjour. »

L'aga, prévenu de la pénurie de notre voyageur, lui envoya immédiatement des pains de froment et plusieurs plats de viande; mais la seule odeur de ces viandes le fit évanouir. Revenu à lui, il essaya de vaincre sa répugnance; ce fut inutilement, et il demeura deux jours sans pouvoir avaler autre chose que du pain et du café.

Lorsqu'il se fut reposé, il obtint de l'aga des chameaux et une escorte, afin d'aller chercher ses précieux papiers, qu'il eut le bonheur de trouver intacts; puis il s'embarqua le 11 décembre sur un petit bâtiment qui se rendait au Caire, où il arriva le 10 janvier 1773.

Ici finit la vie aventureuse de James Bruce. Cependant il ne retourna pas immédiatement à Londres; il se rendit d'abord à Paris, et de là, sa santé exigea un voyage en Italie; il ne revint en Angleterre qu'en 1774, et l'accueil qu'il reçut de ses concitoyens le paya de ses peines et de ses travaux. Ce ne fut toutefois qu'en 1790 qu'il publia la relation de ses voyages; dès 1776 il s'était retiré dans le lieu de sa naissance, et il y mourut le 27 avril 1794, âgé seulement de soixante-cinq ans.

CHAPITRE IV.

VOYAGEURS DU XIXe SIÈCLE EN ABYSSINIE.

§ I. Salt.

Le succès de l'ouvrage de Bruce fut des plus brillants; tout le monde le lut, mais personne n'y ajouta foi, tant les faits parurent nouveaux et merveilleux. Ce livre était depuis près de trente ans sous les yeux du public, qui le considérait comme un roman, lorsque le témoignage de Salt, l'un de ces hommes trop rares dont la parole fait autorité et ne laisse point place au soupçon, vint confirmer la plupart des faits qu'on attribuait à l'imagination du narrateur. Les explorations modernes ont prouvé que, sauf quelques exagérations de pure vanité et un petit nombre de faits admis trop légèrement, Bruce a tracé un tableau aussi brillant que vrai du pays qu'il a visité.

M. Salt fut envoyé en 1805 en Abyssinie par lord Valentia, dont il était secrétaire, et qui était chargé d'une mission dans la mer Rouge. Salt ne put jamais parvenir jusqu'à Gondar; il s'arrêta à Antalou, à cause des troubles qui désolaient le pays. Sa narration se trouve d'accord avec celle de Bruce sur la plupart des points, et nous avons eu soin de signaler les erreurs qu'il reproche à son devancier; Salt offre encore des détails assez curieux qui méritent d'être rapportés. Le voyageur, étant à Antalou, où se trouvaient le ras et son armée, assista à une grande revue qu'il décrit ainsi :

« La cavalerie passa la première, et fit le tour du cirque au galop, chaque homme brandissant sa lance avec beaucoup d'agilité. Presque tous les chefs portaient en écharpe sur l'épaule, et fixé par une agrafe d'or sur la poitrine, un manteau, soit de satin, soit de velours noir, avec des ornements en argent, et avaient la tête ceinte d'un bandeau de satin jaune, vert ou rouge, noué par derrière, et dont les bouts très-longs flottaient au gré du vent. Quelques-uns avaient remplacé cet ornement par une bande de peau, dont les poils hérissés rendaient leur aspect singulièrement farouche. Un petit nombre avait une corne d'or s'élevant perpendiculairement au-dessus du front, en faisant une saillie en avant; plusieurs avaient un disque d'argent attaché sur la partie supérieure du bras gauche; d'autres avaient au bras droit des bracelets d'argent, de la forme d'un collier de cheval, et en nombre égal à celui des ennemis tués de leur main. Les chevaux étaient richement harnachés; les guerriers d'un ordre inférieur étaient vêtus de peaux de mouton brodées de bleu et de rouge. Il y eut des combats simulés entre les cavaliers et les fantassins, et, parmi ceux-ci, entre les lanciers et les fusiliers.

« Après le spectacle, on entra dans une grande salle, où tout était préparé pour un repas somptueux; la table était fort longue. Le ras se plaça sur une estrade à l'un des bouts, et nous fit asseoir près de lui sur une plus basse. Il n'y avait pas de bancs; les chefs s'accroupirent à terre. Des galettes de tef de deux pieds et demi de diamètre étaient posées en pile sur les deux bords de la table, sur laquelle il y avait une pile de plats contenant des *carrés* de volaille, du mouton, du beurre fondu et du lait caillé. Plusieurs beaux pains de froment ronds avaient été préparés pour le ras; il les rompit, nous en donna les premiers morceaux, et distribua le reste aux chefs qui l'entouraient. A ce signal, les femmes esclaves, placées à différentes parties de la table, se lavèrent les mains à la vue du ras, puis trempèrent les pains de tef dans les plats et les offrirent aux convives.

« Durant ce temps, on tuait à la porte de la salle des bœufs réservés pour le festin. On renverse d'abord l'animal, puis avec un coutelas on lui sépare presque entièrement la tête du corps, et on enlève, avec toute la diligence possible, la peau d'un côté de la bête; on ôte les poumons, le foie, les intestins, que dévorent les valets, quelquefois sans prendre la peine de les nettoyer. La chair de l'animal, dont le cœur et la croupe passent pour les parties les plus délicates, est découpée en grands morceaux, dont les fibres palpitent encore lorsqu'on les apporte aux convives à la fin du repas. Le *broun-dou* était en morceaux inégaux, mais tenait ordinairement à un os par lequel les serviteurs le présentaient aux chefs. Ceux-ci en détachaient tour à tour, avec leurs couteaux recourbés, une grande tranche qu'ils découpaient ensuite en aiguillettes d'un demi-pouce de largeur, en le prenant avec les deux premiers doigts de la main gauche, puis le portaient à la bouche; si un morceau ne plaisait pas à celui qui l'avait coupé, il était passé par celui-ci à un de ses inférieurs, et ils allaient quelquefois jusqu'à la septième main avant qu'on en voulût.

« Tandis qu'on dévorait le broundou, dont il fut consommé une quantité vraiment incroyable, le maïs circulait abondamment. Les premiers convives rassasiés, d'autres d'un rang inférieur les remplacèrent, et mangèrent les restes de la chair crue. Un troisième, un quatrième, enfin un cinquième rang se succédèrent; les derniers furent réduits à se contenter d'un pain de tef grossier; ils furent même congédiés avant d'avoir pu manger suffisamment. »

Salt fut également témoin d'une chasse à l'hippopotame, dont Bruce n'avait pas eu le spectacle. « Arrivés, dit-il, sur les bords du Tacazé, le cri de *gomari ! gomari !* se fit entendre. Placés sur un rocher élevé et saillant, nous ne tardâmes pas à apercevoir à soixante pieds de distance un hippopotame qui, sans défiance, montra son énorme tête au-dessus de l'eau, en reniflant violemment, à peu près comme un marsouin. Trois des nôtres lui tirèrent leur coup de fusil ; on le crut atteint au front : il regarda autour de lui en grondant et en mugissant avec colère, et plongea aussitôt. On s'attendait à voir son corps flotter à la surface de l'eau ; mais il reparut à la même place avec plus de précaution, et sans avoir l'air déconcerté de ce qui venait de lui arriver. Nous fîmes feu de nouveau sans plus de succès que la première fois. On continua à tirer sur plusieurs autres de ces animaux ; je ne puis assurer qu'aucun ait été blessé, même légèrement. Nos balles en plomb étaient trop molles pour pénétrer dans le crâne de ces gros animaux ; elles rebondissaient constamment. Cependant, vers la fin du jour, devenus plus circonspects, ils se bornaient à mettre leurs narines hors de l'eau, qu'ils faisaient jaillir en l'air par la force de leur souffle.

« D'après mon observation, l'hippopotame ne peut pas rester plus de cinq ou six minutes de suite dans l'eau ; il faut qu'alors il vienne à la surface pour respirer. Il plonge avec une facilité étonnante, car la limpidité de l'eau me permettait de les distinguer à vingt pieds de profondeur. Je crois que ceux que nous vîmes n'avaient pas plus de seize pieds de long ; la couleur de leur peau était d'un brun sale, comme celle de l'éléphant. »

§ II. Salt, deuxième voyage (1809). — Pearce et Coffin (1805-1820).

En 1806, Salt fit un second voyage en Abyssinie, voyage tout aussi infructueux que le premier ; sa narration contient peu de faits nouveaux, si ce n'est ceux qui ont rapport à l'histoire politique de ce pays ; car, en 1805, il y avait laissé son domestique, Nathaniel Pearce, homme qui ne manquait pas d'instruction. Pearce, de concert avec un nommé Coffin, resté avec lui, avait rédigé un journal exact de tout ce qui s'était passé depuis le départ de son maître, et Salt y puisa de nombreux documents.

Pearce resta encore dix ans en Abyssinie ; il réussit à s'échapper en 1819, et se rendit au Caire, où il mourut, léguant à Salt, alors consul général d'Angleterre en cette ville, tous ses papiers et manuscrits, avec prière de les publier ; la mort de Salt l'empêcha de remplir cette promesse, qui fut mise à exécution seulement en 1831, par les soins de M. Hales. Dans le chapitre suivant, nous aurons occasion de citer ses observations sur les mœurs des Abyssiniens. La partie la plus importante de son livre est celle qui traite des événements arrivés pendant le séjour de Pearce ; nous y renvoyons ceux de nos lecteurs qui seront curieux de connaître à fond l'histoire de l'Abyssinie.

§ III. Gobat, Aichinger et Kugler (1829-1837).

Abraham, savant éthiopien, étant venu au Caire vers 1808, le consul de France conçut l'idée de lui faire traduire le Nouveau Testament en langue saharique ; son manuscrit tomba entre les mains de la Société biblique de Londres, qui le fit imprimer, et qui engagea la Société des missions de l'Église anglicane à envoyer deux missionnaires en Abyssinie ; le choix tomba sur MM. Samuel Gobat et Christian Kugler, qui, accompagnés d'Aichinger, charpentier chrétien, débarquèrent à Massaouah à la fin de décembre 1829. Les trois voyageurs se mirent en route le 12 janvier 1850, et, après quatre semaines de marche, ils arrivèrent à Adigrat, dans le Tigré, où ils furent accueillis favorablement par Sabagadis, souverain de cette province. Bientôt les missionnaires se séparèrent : Kugler et Aichinger demeurèrent dans le Tigré, et Gobat se rendit à Gondar.

Le gouverneur du Sémen, Oubi, était campé sur une montagne voisine de Gondar. Ce jeune homme avait acquis une grande influence, quoiqu'il dépendît du roi de l'Amhara. Gobat, instruit qu'il devait bientôt partir avec son armée, courut à sa rencontre. Aussitôt qu'Oubi eut aperçu le missionnaire, il descendit de sa mule, et le fit asseoir à son côté,

L'Anglais lui fit alors présent d'une jolie paire de pistolets qui plurent beaucoup au jeune chef; puis il lui offrit un exemplaire des *quatre Évangélistes*, de la nouvelle traduction ; Oubi ouvrit le livre, le parcourut, et dit qu'il l'acceptait avec le plus grand plaisir. « Mais, ajouta-t-il, pourquoi es-tu venu dans ce misérable pays, livré à la guerre et aux troubles?

— Je connaissais l'état de Gondar, mais je crains Dieu, et je sais qu'au milieu du désordre et des guerres, l'Éternel règne pour protéger ceux qui l'invoquent. »

Alors Oubi, se tournant vers ses officiers, s'écrie : « Voilà un vrai blanc; oui, c'est la perle des blancs! » Ensuite il appela quelques prêtres, leur recommanda l'étranger, et les rendit responsables de sa sûreté.

Ils le conduisirent chez l'abbouna, le seul personnage dont l'autorité fût alors reconnue à Gondar. Le quartier qu'il habite est toujours sûr au milieu des plus grands désordres ; aucun chef militaire n'oserait y pénétrer par force.

Le roi régnant était âgé de quatre-vingt-six ans. Ce fantôme de souverain logeait dans une petite maison ronde, bâtie sur les ruines du palais. Trois salles et quelques petites chambres se trouvaient encore en assez bon état ; mais le désordre de leur ameublement annonçait que depuis longtemps elles n'avaient pas été habitées. Le roi n'occupait qu'une seule pièce, divisée en deux par un rideau blanc. Néanmoins, malgré l'aspect misérable de tout ce qui l'entourait, le monarque ne manquait pas d'une certaine dose d'orgueil et de jactance. « As-tu jamais vu, demanda-t-il un jour à Gobat, un palais aussi magnifique que le mien ? » La réponse affirmative lui causa un étonnement extrême, et il reprit ainsi : « Quoi ! il existe encore des hommes qui peuvent en construire de semblables ! »

Au commencement de 1831, le missionnaire revint dans le Tigré, et passa deux ans à Adoua avec ses compagnons ; Kugler y mourut, et Aichinger tomba sérieusement malade. Les cris et les hurlements que, suivant l'usage, les Abyssiniens poussèrent au moment où Kugler expira, tourmentèrent Aichinger. Gobat représenta aux assistants que ces lamentations bruyantes fatiguaient le malade, ne faisaient aucun bien au mort, et que ceux qui aimaient véritablement Kugler devaient se résigner à la volonté de Dieu. Les auditeurs convinrent qu'il avait raison ; la nuit se passa dans un morne silence, et Aichinger recouvra la santé.

Au moment où Gobat quittait l'Abyssinie, il vit M. Ruppel, qui y était entré par la Nubie. Depuis trois ans Ruppel est de retour, mais la relation de son voyage n'est pas encore publiée. Gobat retourna à son poste en 1834, avec M. Isenberg, tous deux accompagnés de leurs femmes, et déterminés à se fixer dans ce pays, où ils sont encore en ce moment.

§ IV. Combes et Tamisier (1835-1837).

Depuis cent trente-cinq ans, aucun Français n'était entré en Abyssinie, quand deux jeunes gens, poussés uniquement par l'amour des aventures, abordèrent à Massaouah en avril 1835. Au village d'Emni-Harmas, ils rencontrèrent les deux familles anglaises qui y étaient établies. « Quoiqu'il y eût d'autres blancs dans le pays, nous fûmes, dès le moment de notre arrivée dans ce lieu, l'objet d'une vive curiosité. Nous avions déjà remarqué que, chaque fois que nous ôtions nos bonnets, les Abyssiniens manifestaient une surprise dont nous n'avions pas encore cherché à pénétrer la cause. Cet étonnement fut si général parmi les curieux d'Emni-Harmas, au moment où nous découvrions nos têtes, que nous ne pûmes nous empêcher d'interroger notre interprète ; il nous apprit que c'étaient nos cheveux noirs qui fixaient ainsi l'attention de ses compatriotes, car ils s'étaient imaginés, parce qu'ils n'avaient vu que des Anglais ou des Allemands, que tous les blancs devaient avoir les cheveux blonds, et ils ne pouvaient se lasser d'admirer la couleur de notre chevelure, qu'ils trouvaient bien supérieure à celle des autres Européens qu'ils avaient vus avant nous. Nous fûmes très-étonnés nous-mêmes de voir des noirs, pour qui une peau blanche est si précieuse, donner la préférence aux bruns sur les blonds. »

Le 2 mai, Combes et Tamisier entrèrent à Adoua ; les environs étaient occupés par une armée, dont les généraux accueillirent bien les voyageurs, qui ne tardèrent pas à se mettre en route avec elle.

Après de longues marches, on vint camper auprès de Devra-Damo, montagne presque inaccessible. Là se trouvait encore l'Anglais Coffin, qui s'y était retiré lors de la mort du chef auquel il avait voué ses services.

Combes et Tamisier suivirent l'armée, d'abord à Axoun, puis sur les bords du Tacazé. On était au mois de juillet ; déjà les pluies avaient gonflé les rivières, et le lit du fleuve avait quatre-vingt-dix pieds de largeur ; son courant était impétueux. Beaucoup de soldats commençaient à tenter le passage ; ils avaient de l'eau jusqu'au cou, et se soutenaient à l'aide de leur lance ; ils portaient leurs effets avec la main gauche ; les femmes et les enfants traversèrent avec beaucoup de difficulté sur des mulets, que des hommes tiraient par la bride. « Nous remarquâmes avec plaisir les secours que les forts prodiguaient aux faibles; quatre nègres, aux formes athlétiques, se montraient infatigables. Nous étions sur le bord de la rivière, et les Abyssiniens, persuadés que nous redoutions de la traverser, s'avancèrent pour nous prêter leurs secours ; mais, lorsqu'ils furent près de nous, nous nous élançâmes dans les eaux, et nous disparûmes à leurs yeux. Toute la troupe était assemblée sur le rivage ;

la frayeur était à son comble, et, quand nous reparûmes, leur étonnement se manifesta par des cris de joie universels; on nous avait crus noyés ou emportés par les crocodiles; ils prétendirent alors que nous étions des diables, et que nous connaissions l'eau. Quand nous eûmes atteint l'autre bord, tout le monde nous entoura pour nous complimenter. Cette circonstance, si simple en elle-même, nous rehaussa dans l'esprit de la troupe, qui nous prit pour des êtres extraordinaires parce que nous savions nager. »

Bientôt après, Combes et Tamisier arrivèrent à Devra-Tabour, résidence d'Ali, ras de Samen, qui conçut pour eux une vive amitié, et voulut absolument les retenir en leur faisant les offres les plus séduisantes. Ce ne fut qu'en feignant de renoncer à leurs projets de départ qu'ils réussirent à s'échapper. Ils traversèrent le Bachilo, rivière qui forme la limite du territoire occupé par les Galla; ils coururent les plus grands dangers chez l'un des roitelets entre lesquels le pays est partagé. Soupçonnés en leur qualité de blancs de posséder d'immenses richesses, ils furent complétement dépouillés; on leur enleva jusqu'à leurs manuscrits; ensuite on les renferma dans une chaumière, pour leur faire avouer où ils cachaient leurs trésors; ils furent même condamnés à mort, et les bourreaux se présentèrent à eux. Mais la reine s'était intéressée à leur sort; elle leur fit dire par celui qui leur portait des vivres que Dieu est grand, et qu'ils ne devaient pas perdre tout espoir. Après quelques jours de captivité on les remit en liberté, et la reine elle-même leur rendit leurs manuscrits et d'autres objets.

De là ils se rendirent auprès de Sahlé-Sellassi, roi de Choa, qui résidait à Angolala. Ce monarque, passionné pour l'industrie, veut qu'on exécute sous ses yeux tous les travaux manuels. Persuadé, comme la plupart des Orientaux, que les Européens sont doués de connaissances universelles, Sahlé-Sellassi ne pouvait croire que nos deux voyageurs ne fussent pas des ouvriers, et avait bonne envie de les retenir; il les questionna sur les arts et sur les métiers, mais ils se gardèrent bien de se vanter de la moindre connaissance. Le roi les mena dans ses ateliers, car, aussi rusé qu'Ulysse, il pensait qu'à la vue des instruments de travail, les voyageurs ne pourraient se contenir; mais, plus prudents qu'Achille, ils regardèrent sans mot dire et sans toucher à rien. Une autre fois il vint dans l'idée du roi que les étrangers pourraient bien être médecins, et il leur présenta une quantité de médicaments d'Europe venus par les Indes; cette tentative ne réussit pas mieux que la précédente. Malgré leur nullité, Sahlé-Sellassi ne cessait de leur montrer une bonté toute paternelle. Enfin, après avoir épuisé tous les moyens de séduction, il les laissa partir à son grand regret.

Les principaux chefs du Choa sont généreux et magnifiques; tous les gouverneurs accueillirent

Combes et Tamisier avec la plus grande bienveillance.

L'autorité de Sahlé-Sellassi s'étend sur une partie du pays habité par les Galla-Borena, qui sont idolâtres et montrent un vif désir d'être instruits. D'après une conversation avec un choum, nos deux voyageurs sont persuadés que des missionnaires habiles, qui oseraient s'aventurer chez ces tribus sauvages, mais hospitalières et bonnes, parviendraient aisément à les réunir sous une même loi, et que tous les Galla, qui vivent aujourd'hui sans croyance et sans liens communs, formeraient alors une nation grande et intéressante en adoptant notre sainte religion.

Le 3 janvier 1836, les deux Français traversèrent le Nil à la nage ; les hommes et les femmes qui cheminaient avec eux se dépouillèrent de leurs vêtements, les enfermèrent dans des outres, qu'ils attachèrent sous leur poitrine, et arrivèrent ainsi sur le bord opposé. Avant de s'engager dans le fleuve, on avait eu grand soin de jeter des pierres et de pousser de grands cris, afin d'effrayer les crocodiles et les hippopotames, qu'on voyait quelquefois paraître à la surface.

Les habitants du Gojam se montrèrent très-hospitaliers. L'entrée des voyageurs à Bichana offrit une singularité remarquable. « On se précipita sur nos pas, disent-ils; les commerçants ne songèrent plus à s'occuper de leurs affaires; les prêtres, les principaux personnages, les femmes arrivèrent à la fois. On nous entourait, on nous pressait à nous suffoquer; tout le monde voulait nous voir en même temps, et de tous côtés on laissait échapper ces paroles : *Negous matta* (le roi est arrivé). Nous ne comprenions pas d'abord le véritable sens de ces paroles; mais, à force de les entendre répéter si souvent, le souvenir d'une tradition abyssinienne, suivant laquelle un blanc doit un jour régner dans le pays, nous vint à la mémoire, et nous donna l'explication de notre royauté improvisée. Dans le Choa, cette tradition n'est guère accréditée que chez les grands qui s'en effrayent, tandis qu'en deçà du Nil elle est incarnée chez le peuple. »

La route conduisit ensuite nos voyageurs dans le Beghemder, où règne le ras Ali, dont ils n'avaient pas eu à se louer; la renommée avait répandu dans tout le pays le bruit des scènes qui s'étaient passées pendant leur séjour dans la capitale. « A Moula, disent-ils, plusieurs soldats qui ne nous connaissaient pas nous racontèrent *nos exploits;* ils nous apprirent que deux blancs, qu'on avait cherché à retenir prisonniers, avaient mis Devra-Tabour en émoi, bravé la puissance du ras et de ses troupes, et s'étaient éloignés triomphants de cette ville; le prince les avait fait longtemps poursuivre, déterminé à les reléguer sur quelque montagne inaccessible, pour les punir d'avoir désobéi à ses volontés; mais il avait renoncé à ses projets, parce qu'on lui avait prédit que, s'il exerçait la moindre violence contre ces étrangers, il attirerait la vengeance céleste sur tout le pays et sur lui-même. »

Quoique Ali eût été informé de l'arrivée des blancs, il feignit de l'ignorer; cependant, quand il eut appris par un de ses pages qu'ils venaient de visiter le royaume de Choa, il leur envoya plusieurs émissaires, afin de savoir si la puissance de Sahlé-Sellassi était aussi formidable qu'on le prétendait. Ils furent en butte à mille petites vexations, toutes dirigées par un page que le ras leur avait donné sous prétexte de les servir; ce jeune homme mit tout en œuvre pour voler nos étrangers, afin probablement de les forcer à rester au service du ras. Un domestique leur enleva un jour une ceinture contenant la moitié de leur fortune, neuf talaris ou 45 francs; mais le voleur, effrayé de l'énormité de la somme, la leur rapporta le lendemain. Dès ce moment, ils redoublèrent de précautions, et résolurent de s'éloigner de la ville à l'improviste; ce qui ne les empêcha pas d'être victimes de la perfidie d'un guide qui trouva moyen de leur voler quelques bagatelles.

Le 25 janvier, Combes et Tamisier arrivèrent à Gondar, qui ne leur offrit que des restes de son ancienne grandeur. Lic Iaischo, l'un des juges, et, suivant Ruppel, le seul honnête homme de l'Abyssinie, les reçut avec une grande joie, et leur fut d'un grand secours dans les recherches qu'ils firent pour vérifier et compléter les annales déjà données par

Bruce. Il leur communiqua la liste des livres qui composaient autrefois la bibliothèque des rois, et qui se trouvent aujourd'hui dispersés dans les divers monastères et chez les riches particuliers. Ce catalogue contient quatre-vingt-quinze articles. Les ouvrages sont écrits en différentes langues. La plupart ont été apportés par les Abouna venus d'Alexandrie.

« Peu de jours après notre arrivée, nous reçûmes, disent les voyageurs, une visite qui nous fut bien agréable; nous vîmes entrer une vieille femme qui demanda si nous étions Français. Les Abyssiniens, en général, ne connaissent que la grande division des blancs et des noirs : nous fûmes donc étonnés de la science de cette femme, pour qui le nom de Français n'était pas inconnu; nous ne pûmes lui taire notre surprise, et voici ce qu'elle nous apprit : « Je n'étais encore qu'une enfant, lorsque des marchands m'enlevèrent à ma famille; ils me conduisirent au Caire, et me vendirent à un bey qui me renferma dans son harem. Quoique aujourd'hui vous me voyiez vieille et ridée, j'étais alors jeune et agréable, et mon maître me couvrit de parures et de bijoux; j'étais heureuse, lorsque les troupes françaises, conduites par Bonaparte et Kléber, bouleversèrent le Caire; l'on me rendit à la liberté, que je ne désirais pas; on m'enleva une grande partie de mes richesses, mais je parvins à sauver mes bijoux, et je me rendis à Jérusalem, où un prêtre abyssinien, qui faisait son pèlerinage, me convertit au christianisme ; car, trop jeune pour avoir une religion, lors de mon arrivée en Égypte on m'avait faite musulmane, et je revins dans mon pays natal, que je ne regrettais plus. Quoique les Français m'aient beaucoup nui en me délivrant de l'esclavage, néanmoins je les aime ; ils sont entreprenants, courageux, et ne sont pas avides comme nos soldats. Je n'ai vu Kléber qu'une seule fois, mais je ne l'oublierai jamais. Je m'estime heureuse de voir dans ma patrie des hommes de votre nation, et j'espère que vous viendrez prendre mon café. » Le jour suivant, nous passâmes plusieurs heures chez elle, car il nous était doux de parler, en Abyssinie, de notre armée et de ses généraux. Cette femme nous apprit que, peu de temps auparavant, un Abyssinien, attaqué d'une maladie incurable, s'était coupé la gorge avec un rasoir ; cet événement avait fait une vive sensation, parce que le suicide n'est pas dans les mœurs abyssiniennes. »

Les voyageurs, se trouvant sans argent, empruntèrent dix talaris au plus riche marchand de la ville, qui donna la somme avec toute confiance, et il fut convenu qu'ils lui payeraient l'intérêt au taux du pays, qui est de dix pour cent par mois ; ils étaient certains de le rembourser promptement, car ils avaient laissé un dépôt dans le Tigré avant de partir pour Choa.

Les Français, reposés par un séjour de deux

semaines, quittèrent Gondar, et suivirent la route parcourue par Bruce en venant de Massaouah. Parvenus sur les bords du Tacazé, ils furent témoins d'une aventure tragique, qu'ils racontent ainsi : « Les pluies avaient cessé depuis longtemps; le Tacazé roulait paisiblement son onde limpide, et au lieu où nous le traversâmes il y avait à peine deux pieds d'eau : son lit était large et la vallée pittoresquement décorée ; des arbres gigantesques et vigoureux s'élevaient sur les deux rives, et de jolis petits singes se poursuivaient sur les branches; de tous côtés on distinguait des traces d'éléphant, et, au moment même du passage, nous aperçûmes deux de ces monstrueux animaux qui disparurent à travers les arbres de la montagne. Nous avions rencontré sur notre route un grand nombre d'hommes et de femmes qui vinrent stationner avec nous sur les bords de la rivière ; au soleil couchant nous allumâmes des feux qui éclairèrent toute la vallée ; une flamme ardente et soutenue s'élevait à travers un magnifique feuillage, et les ombres colossales des arbres qui formaient sur nos têtes une voûte de verdure tremblaient autour de nous. Le firmament était azuré et scintillant d'étoiles ; son éclat et sa pureté contrastaient avec les teintes livides que nos brasiers répandaient aux environs ; la température de la nuit était douce, et nous contemplions ce beau spectacle en silence.

« Nous avions fait balayer une place le long d'un

arbre mort, horizontalement couché ; cet arbre était creux et servait de demeure à un serpent qui, réveillé par les vives sensations de la chaleur, releva sa tête; il se disposait à sortir, lorsqu'un de nos domestiques, qui l'aperçut, poussa un cri de frayeur et donna l'alarme ; nous saisîmes tous de gros bâtons, et nous en assénâmes plusieurs coups au reptile, qui fut divisé en quatre tronçons que nous fîmes brûler dans notre feu; ainsi délivrés de ce dangereux ennemi, nous nous endormîmes, mais notre sommeil ne fut pas de longue durée.

« Un Abyssinien possédait un bœuf malade ; à la halte il l'avait tué, espérant en vendre la viande à la troupe. Lorsque le bœuf fut écorché et dépecé, on suspendit ses membres aux branches des arbres, et chacun se coucha.

« Tout le monde reposait depuis plus d'une heure; la flamme brillante de nos feux avait pâli, et ils étaient presque éteints; on n'entendait plus que la voix sombre de l'hyène, et le cri sauvage de l'hippopotame n'était alors qu'un rauque et sourd mugissement ; tout à coup un rugissement féroce, qui se fit entendre à nos côtés, glaça d'effroi nos compagnons assoupis, qui s'éveillèrent en sursaut et coururent à leurs armes; un lion à l'œil enflammé, attiré sans doute par l'odeur du sang qu'on venait de répandre, se précipita avec furie sur quelques malheureuses femmes, qui pressaient dans leurs bras de pauvres petits enfants encore à la mamelle. Avant que nous eussions eu le temps de nous lever et de songer à nous défendre, le lion avait fait un effroyable carnage; on entendait des cris lamentables et des plaintes de mourants. Les Abyssiniens tremblaient; nous avions arraché de leurs mains deux lances, et notre bras gauche était armé d'un bouclier; les plus intrépides de la troupe s'étaient groupés autour de nous, le sabre ou la lance au poing; le lion, qui ne rencontrait plus de victimes éparses, rôdait autour de nous; nous avions formé un carré, et, immobiles, nous présentions la pointe de nos armes à notre formidable ennemi, qui brandissait sa queue et poussait des rugissements saccadés; ses regards étincelaient; nous suivions tous ses mouvements avec une attention soutenue, et il cherchait vainement à nous surprendre; nous nous tenions toujours sur la défensive, et nul de nous ne songeait à attaquer ce terrible adversaire, qui bondissait avec rage et semblait s'irriter de notre apparente impassibilité. Enfin, fatigué sans doute par notre résistance inerte, le lion se précipita de nouveau sur les victimes qu'il avait déjà immolées, les déchira de ses griffes, saisit entre ses dents un malheureux enfant qui se plaignait encore, et s'éloigna en grondant: de temps en temps il détournait la tête, et paraissait regretter de nous abandonner ainsi le champ de bataille; nous crûmes plusieurs fois qu'il allait revenir sur ses pas; mais, heureusement pour nous, il disparut bientôt dans les ténèbres.

« Délivrés d'un danger si terrible, nous nous empressâmes autour des cadavres; nous trouvâmes une femme qui respirait encore; nous visitâmes ses blessures, et nous vîmes qu'elle était à peine égratignée, et que sa vie ne courait aucun danger. Lorsqu'elle fut remise de sa frayeur, elle jeta les yeux autour d'elle et demanda son enfant; personne n'osa lui répondre. Elle comprit notre silence; et, poussant d'horribles cris, elle s'arracha les cheveux et se déchira le visage; nous cherchâmes vainement à la calmer et à la retenir; elle était debout et voulait, disait-elle, se mettre à la poursuite du lion et lui ouvrir les entrailles de ses ongles; mais, écrasée sous le poids de sa douleur, elle retomba épuisée de fatigue, et demeura longtemps sans donner aucun signe de vie. Lorsqu'elle sortit de sa léthargie, elle était plus tranquille, elle versa d'abondantes larmes, et attendit avec quelque résignation.

«Les fuyards étaient revenus, et comme personne n'osait plus se livrer au sommeil, nous nous occupâmes à ensevelir les morts; sous les arbres solitaires de la vallée, nous creusâmes une grande tombe d'un pied de profondeur, et nous y déposâmes cinq cadavres défigurés. Après avoir rempli ce pieux devoir, nous nous éloignâmes tristement de ce lieu fatal; nous reçûmes les félicitations de nos compagnons d'armes, et plusieurs d'entre eux nous appelaient leurs sauveurs. »

Le 21 février, les voyageurs revirent Axoum, et

bientôt après ils se trouvèrent à Adoua, au milieu de leurs amis les missionnaires. Ils apprirent que Coffin avait abandonné le Devra-Damot, et que, nommé choum d'un village, il était déterminé à passer ses jours en Abyssinie; nos compatriotes se joignirent à une caravane qui allait à Massaouah, et le 17 avril ils s'embarquèrent pour l'Égypte.

CHAPITRE V.

Mœurs, coutumes et usages des Abyssiniens.

La royauté en Abyssinie est et a toujours été héréditaire dans une famille qui descend, dit-on, en droite ligne de Salomon et de la fameuse reine de Saba. Lorsqu'à sa mort, cette reine remit le pouvoir aux mains de son fils Ménilek, elle lui fit jurer que la couronne serait toujours conservée dans la famille de Salomon, et qu'aucune femme ne pourrait être appelée à régner. En vertu de cette loi fondamentale, tous les membres de la famille royale sont relégués sur la haute montagne de Devra-Damot, et ils sont détenus prisonniers jusqu'à leur mort, ou jusqu'à ce que la succession au trône leur soit ouverte.

Il n'y a ni loi ni coutume qui obligent de décerner la couronne au fils aîné. Quand un roi meurt, si ses fils sont assez avancés en âge pour être en état de régner, et qu'ils n'aient point été relégués sur la montagne, l'un d'eux s'empare du trône; mais si les héritiers sont exilés, le premier ministre nomme seul le roi, et ordinairement il choisit un enfant pour le rendre esclave de ses volontés. Durant la minorité, on confie la régence à deux ou trois personnages influents de la cour; ce sont ordinairement des gouverneurs de province qui ont le titre de béthoudet ou de ras. Le conseil est présidé par une femme qui porte le nom d'eteghé ou régente. Les rois d'Abyssinie qui voulaient donner à leurs parentes le droit d'être nommées régentes après leur mort, les faisaient couronner de leur vivant. L'eteghé conserve la régence tant que dure la minorité; l'éducation du jeune prince et tous les soins du gouvernement sont entre ses mains.

Suivant Bruce, la couronne ressemble à une mitre d'évêque. C'est une espèce de casque qui couvre le front, les joues et le cou; elle est doublée de taffetas bleu, et le dessus est d'or et d'argent travaillés en filigrane. Au haut de cette couronne, il y a une boule de verre rouge dans laquelle sont plusieurs clochettes de différentes couleurs.

Le père Paëz nous a transmis le récit du couronnement de Socinios, qui se fit dans la ville d'Axoum, avec toutes les cérémonies usitées au sacre des premiers rois d'Abyssinie.

« Cette pompe, dit-il, commença le 18 mars 1608; tous les grands officiers de l'État, tous les courtisans se parèrent de la manière la plus riche et la plus brillante. Le roi, habillé de damas pourpre, portait une chaine d'or autour du cou, et avait la tête nue; il parut monté sur un cheval richement caparaçonné et accompagné de toute sa noblesse; il passa la première cour et suivit le pavé qui conduit devant l'église; là, il rencontra les jeunes filles des umbares ou juges suprêmes, et un grand nombre d'autres vierges de familles nobles qui l'attendaient à droite et à gauche de la cour.

« Deux des plus nobles de ces jeunes filles tenaient dans leurs mains, et à la hauteur de la poitrine, un petit cordon de soie cramoisie d'une texture peu serrée, et qui traversait la cour, comme si elles avaient voulu barrer le chemin par où le roi devait entrer dans l'église; quand la corde tendue l'arrêta, les vierges lui demandèrent qui il était, à quoi il répondit : « Je suis votre roi, le roi d'Éthiopie. » Et soudain elles répliquèrent : « Vous ne passerez pas, vous n'êtes pas notre roi. »

« Le roi recule alors de quelques pas, puis il se présente encore pour passer, et la corde est tendue de nouveau, et les jeunes filles lui redemandent : « Qui êtes-vous? — Je suis votre roi, le roi d'Israël. — Vous ne passerez point, vous n'êtes pas notre roi. »

« Le roi se retire encore, mais il revient pour la troisième fois d'un air plus décidé, et les vierges inflexibles, tendant leur corde, répètent leur première question : « Je suis votre roi, le roi de Sion, » répond le monarque ; et, tirant son épée, il coupe la corde en deux. Aussitôt toutes les vierges s'écrient : « Cela est vrai, vous êtes notre roi, le roi de Sion ; » ensuite elles entonnent un *alleluia*, et leur chant est accompagné par la cour et par toute l'armée campée dans la plaine. On fait des salves de mousqueterie, les tambours et les trompettes retentissent, et au milieu des réjouissances et des acclamations, le roi s'avance jusqu'au pied du grand escalier de l'église, où il descend de cheval et s'assied sur une certaine pierre qui semble avoir été un autel d'Anubis.

« Après le roi vient le gardien du livre de la loi, lequel représente Azarias, fils de Zadoch ; ensuite paraissent les douze umbares ou juges suprêmes, successeurs des anciens des douze tribus, lesquels accompagnèrent Ménilek, fils de Salomon, quand il apporta de Jérusalem le livre de la loi ; puis vient l'abouna à la tête du clergé séculier, puis l'etcghé à la tête des moines, et enfin toute la cour, qui passe entre les deux bouts du cordon de soie que le roi a coupé et qui est resté sur le pavé.

« Le roi est oint et couronné ; après quoi, il monte les marches de l'église, accompagné par les prêtres, qui chantent des hymnes et des psaumes ; il s'arrête vis-à-vis d'un creux qu'on fait exprès dans l'une des marches, et là on le parfume avec de l'encens, de la myrrhe et de l'aloès. On célèbre le saint sacrifice de la messe ; et, après avoir communié, le roi retourne au camp. On consacre quatorze jours aux festins, aux exercices militaires, et aux réjouissances de toute espèce. »

Voici actuellement ce que dit Bruce sur la manière dont le roi est oint : « On lui verse sur la tête de l'huile d'olive, et, pour la faire pénétrer dans ses longs cheveux, il se frotte avec ses deux mains de la même manière que ses soldats se frottent la tête de beurre. »

Autrefois on ne voyait jamais le visage du roi ni aucune partie de son corps, à l'exception de ses pieds, qu'il faisait paraître de temps en temps. Il s'assied dans une espèce d'alcôve ou de balcon, dont le devant est garni de jalousies et de rideaux ; et, en outre, il couvre son visage toutes les fois qu'il rend la justice.

Tous les matins, avant le jour, un officier s'arme d'un long fouet qu'il fait claquer devant la porte du palais, en produisant beaucoup de bruit. Il chasse, par ce moyen, les hyènes et les autres bêtes féroces qui infestent la ville pendant la nuit, et en même temps il donne le signal du lever du roi. Le monarque se place à jeun sur son trône pour rendre la justice jusqu'à huit heures, heure à laquelle il va déjeuner.

Les attributs de la royauté sont un cheval blanc dont la tête est garnie de clochettes d'argent, et un bandeau d'étoffe de soie blanche, ou bien plus souvent de mousseline qui lui couvre le front, se noue par un double nœud placé derrière la tête, et dont les bouts flottent sur les épaules.

Toutes les fois qu'on paraît en présence du monarque, il faut qu'on se prosterne. On commence par se laisser tomber sur les genoux, puis sur les mains; après quoi on incline la tête et le corps jusqu'à ce que le front touche à terre, et si on a une réponse à attendre, on reste dans cette posture jusqu'à ce que le roi ordonne de se relever.

Le trône des rois d'Abyssinie était autrefois d'or. Il formait un carré long, assez semblable à nos sophas; on le recouvrait de riches tapis et d'étoffes brochées en or; il y avait des marches sur le devant. C'était un crime de haute trahison que de s'asseoir sur le siége du roi, et le coupable était immédiatement mis en pièces, à moins que ce ne fût un étranger ignorant la coutume du pays.

Les rois sont au-dessus de toutes les lois; ils jouissent d'une autorité sans bornes en matière religieuse comme en matière civile. Toutes les terres du royaume et la personne même des sujets appartiennent au monarque, parce que tout Abyssinien naît esclave, et s'il jouit de quelque rang dans la société, ce n'est jamais que par les dons du prince, et non à cause de ses parents qui ne sont comptés pour rien.

Le monarque juge souvent lui-même les crimes

capitaux, et son jugement est toujours regardé comme favorable. Jamais il ne condamne un homme à mourir, la première fois qu'il est coupable, à moins que cet homme ait commis un parricide ou un sacrilége.

Lorsque deux Abyssiniens ont un différend, ils peuvent choisir un juge quelconque, et, dans ce cas, la décision n'est valable qu'autant que l'un des plaignants n'en appelle pas immédiatement à la justice du gouverneur; si ce premier jugement n'est pas accepté, les deux adversaires se rendent ensemble devant la demeure du choum et poussent des cris étourdissants jusqu'à ce qu'on ait consenti à les admettre.

Lorsqu'un homme a commis un vol, il est arrêté par celui qui en est victime ou bien par les agents du roi, qui nouent leur toile avec celle du coupable, et il est extrêmement rare que celui-ci cherche à s'évader en abandonnant son vêtement.

Quand il s'agit d'un meurtre, si le fait est suffisamment prouvé devant le magistrat, celui-ci prononce la peine capitale; si le mort n'a d'autres parents qu'une femme, elle doit toujours porter le premier coup au meurtrier, lors même qu'elle aurait un mari, des alliés ou des amis disposés à venger son offense.

La loi permet aux parents du mort de transiger avec le coupable, une fois que l'arrêt est rendu; la rançon ordinaire est de cent têtes de bétail. Si le coupable est exécuté, ses parents ont le droit de lui donner la sépulture. Pearce raconte à ce sujet un fait assez plaisant dont il fut témoin. « Une femme, dit-il, amena devant le ras un malheureux qu'elle accusait d'avoir tué son mari. Le fait ayant paru constant, le ras dit à cette femme : « La loi met à votre disposition le meurtrier, faites-en ce qu'il vous plaira. » La femme répondit : « Je suis seule, je n'ai aucun parent dont je puisse réclamer l'assistance, je n'ai ni lance ni couteau. — Eh bien! vous pouvez le pendre si bon vous semble. — Comment faire? J'ai bien un mush-charn (une lanière), mais je ne pourrai seule venir à bout de cette opération.» Le ras ordonna donc à quelques esclaves de prêter aide à cette femme, pour qu'elle pendît le meurtrier à un arbre qui se trouvait sur une pelouse en face de la maison. « Dieu vous garde mille ans! » dit-elle au ras; puis elle ajouta à voix basse : « Les parents sont là fort à propos, et n'auront pas grand chemin à faire pour le conduire à l'église. »

« Quelques esclaves furent chargés de l'exécution. Arrivés à l'arbre fatal sur lequel on pouvait monter comme à une échelle, ils aidèrent la femme à y monter, et là, désignant du doigt la branche la plus convenable pour y attacher le mush-charn dont elle tenait un des bouts à la main, l'un des esclaves attacha la lanière au cou du meurtrier, de manière que les mains de celui-ci, placées entre les branches et le cuir, en arrêtassent l'étreinte ; après quoi, il dit à la femme de tirer pendant qu'il ôterait la pierre sur laquelle on avait placé le patient. La femme, après avoir tiré le lacet, descendit de l'arbre, et considérant le pendu : « Bénie soit, s'écria-t-elle, la justice du ras qui a daigné venger la mort de mon pauvre époux ! Tout méchant qu'il était, je lui suis restée fidèle. » Quelques instants après, la foule ayant répété plusieurs fois que le patient avait cessé de vivre : « Oui, reprit la femme, il est mort, Dieu merci ! mais il n'emportera pas mon mush-charn en terre. » Elle remonta alors sur l'arbre, et dénoua la lanière, pendant que l'esclave la détachait du cou de la victime. Les parents arrivèrent aussitôt pour enlever le cadavre, selon leur droit ; mais à peine avaient-ils fait quelques pas que le pendu ressuscite soudain et court se réfugier dans une église, asile inviolable où il pouvait vivre en paix.

« Après cette résurrection imprévue, la veuve courut de son côté à la porte du ras, criant avec fureur : *Abbatti ! abbatti !* (justice ! justice !) Admise en présence du gouverneur, elle raconta son aventure, se plaignant que le meurtrier n'eût pas été suspendu assez longtemps. Le ras, qui n'était pas étranger à la manœuvre de son esclave, lui dit en souriant : « Femme, voudriez-vous la mort de celui que Dieu a voulu sauver ? — Faites, dit elle, qu'on le remette à ma disposition, et je lui tirerai les jambes de manière à lui rompre le cou. — Folle que vous êtes, répliqua le ras, voulez-vous aller contre la volonté de Dieu? » La gravité avec laquelle il prononça ces paroles fit impression sur l'esprit de cette femme; elle renonça à tout projet de vengeance et, persuadée que son pendu était sous la sauvegarde du ciel, elle se réconcilia avec lui, et, si l'on ne m'a pas trompé, elle l'épousa quelque temps après. »

Le genre de supplice varie suivant la volonté ou le caprice des juges; cependant la décollation pour les hommes et la potence pour les femmes, sont les supplices les plus usités. Les personnes qui dérobent les vases sacrés ou les objets du culte dans les églises sont condamnées à avoir le pied, la main ou la jambe coupés; les bourreaux se servent de rasoirs bien tranchants, et ils désarticulent les membres avec beaucoup de dextérité. La bastonnade fait justice d'un larcin de peu d'importance. Lorsqu'un Abyssinien en fait emprisonner un autre sous un simple soupçon de vol, il est obligé de payer des dommages à l'accusé, si l'innocence de ce dernier vient à être reconnue.

Selon Pearce, il n'y a pas sur la terre de peuple moins homogène que les Abyssiniens : il y en a de tout à fait noirs, d'autres blonds, avec des cheveux crépus; d'autres au teint cuivré et aux cheveux doux comme de la laine. Cependant, en général, les Abyssiniens ont la taille élancée et bien prise; ils ont les cheveux lisses, et tous les traits du visage assez semblables à ceux des Européens, quoiqu'il y ait dans toute leur physionomie quelque chose de celle des nègres.

Les vêtements des hommes se composent d'un caleçon collant qui ne dépasse pas le genou, et d'une écharpe ou morceau de toile dont ils se drapent à la romaine, et qui diffère de finesse et de beauté selon la fortune ou la fantaisie des individus; quoiqu'il y ait trois classes distinctes, les soldats, les agriculteurs et les commerçants, le costume est le même; les gens de guerre seulement jettent sur leurs épaules une peau de mouton.

Les grandes dames, les musulmans et quelques prêtres portent des chaussures; le reste de la population va nu-pieds. Tout le monde a la tête découverte, à l'exception des musulmans et des prêtres chrétiens. Une toile et une chemise composent le vêtement des femmes ; mais en voyage les dames de haut rang portent un long caleçon avec des broderies de soie rouge et bleue. Les femmes qui sont obligées d'aller à pied font de leur toile une espèce de jupon court, à plis flottants, et retenu à la taille par une ceinture blanche.

Les princesses se couvrent de manteaux de drap ornés de riches broderies ; ils ont la forme des capes dont nos prêtre se revêtent dans les grandes cérémonies. Lorsque les femmes paraissent en public, elles sont voilées jusqu'aux yeux et ont le front orné d'une bandelette en dentelle.

Pour rendre les cheveux plus moelleux, hommes

et femmes se couvrent la tête de beurre frais; ils en répandent aussi sur leur corps pour adoucir la peau et l'empêcher de se rider.

Les Abyssiniens prisent beaucoup, et petits et grands se mouchent avec les doigts. Les dames se servent quelquefois des toiles de leurs esclaves des deux sexes en guise de mouchoir.

Lorsqu'on reçoit la visite d'une personne, on est libre de la congédier, sous un prétexte quelconque, sans qu'elle ait le droit de s'en formaliser, et ce n'est jamais une raison pour l'empêcher de revenir.

Quand un inférieur se présente devant son supérieur, il découvre ses épaules en signe de respect.

La coutume si répandue et si ancienne de saluer quand on éternue se rencontre encore chez ce peuple.

La manière dont les Abyssiniens montent à cheval diffère de celle des Arabes; cependant ils ont beaucoup de grâce et sont bons cavaliers. Leur bride ou *legaum* consiste en un mors grossier, en une simple têtière et en une chaîne proprement travaillée qui tient lieu de rênes. La selle, dont la forme est très-simple, est bien entendue. Elle se compose de deux morceaux de bois minces, liés ensemble par des courroies de cuir; elle a un pommeau élevé sur le devant avec une espèce de dossier, et est entièrement recouverte d'un cuir rouge, fabriqué dans le pays et imitant le maroquin. On place sous la selle un *marashut* ou pièce d'étoffe matelassée, qu'on double sur le devant pour ménager les épaules du cheval. Tout cela est fort léger et fortement attaché au moyen d'une large sangle et d'une forte croupière qui n'est pas seulement maintenue par la queue, mais qui fait le tour de la partie antérieure de l'animal. Les Abyssiniens mettent à leurs chevaux un collier fait avec une crinière d'âne sauvage, et des chaînes de cuivre qui produisent un léger tintement qu'on augmente encore au moyen d'une petite cloche.

Bruce prétend que c'est une infamie pour un homme d'aller acheter quelque chose au marché. Combes et Tamisier sont en contradiction avec lui sur ce point: « On rencontre, disent-ils, les hommes en aussi grand nombre que les femmes; celles-ci vendent ou achètent des objets nécessaires au ménage, tandis que les hommes font le commerce des troupeaux, des mules, des chevaux et des ânes. »

Un homme ne peut ni charrier de l'eau ni pétrir du pain, mais il lave ses vêtements et ceux des femmes, sans que celles-ci paraissent l'aider. Les hommes portent les fardeaux sur la tête, tandis que les femmes les portent sur leurs épaules.

Les Abyssiniens font du pain *angora* avec toutes sortes de farine. Le dagoussa, le doura, le maïs, l'orge, le blé, les pois chiches et même les lentilles, leur servent à cet usage; mais le tef, dont le grain est aussi petit que celui du millet, est leur céréale de prédilection, et les grands seuls sont assez riches pour s'en nourrir tous les jours; ils font partout ce qu'ils appellent le *tabita*, qui, par sa forme, ressemble à nos crêpes; ils délayent la farine dans beaucoup d'eau, et la laissent fermenter jusqu'à ce qu'elle soit aigre; ils vident leur pâte sur un plat de terre cuite, et, dès que le feu l'a saisie, ils la retournent et l'enlèvent presque aussitôt. Ils ont encore une autre espèce de pain qui imite le nôtre, et qu'ils désignent sous le nom d'*enbacha* et de *hebicht ;* ils n'emploient, pour la confection de ce pain, que la farine de blé ou d'orge; mais comme ils pétrissent fort mal, et que d'ailleurs ils n'ont pas de four, ce pain n'est jamais qu'une pâte mal cuite et pesante.

Outre le vin qui, sans être rare, n'est pas assez commun pour servir de boisson ordinaire, les Abyssiniens préparent une espèce de bière qu'ils nomment *talla*, c'est la boisson commune; les grands boivent du maïse ou hydromel, fait avec du miel, de l'eau et du taddo, sorte de racine amère qui sert à accélérer la fermentation.

C'est ici le lieu de citer le passage de Bruce où il décrit un repas abyssinien, bien que ce tableau ait excité contre lui les plus vives réclamations.

« On place, dit-il, dans une grande salle, une grande table entourée de bancs sur lesquels les convives s'asseyent; l'usage des tables et des bancs a été introduit par les Portugais : autrefois on ne se servait dans les maisons que de cuirs de bœuf qu'on étendait par terre, et sur lesquels on se couchait à demi. On conduit à la porte de la salle à manger une vache ou un taureau, suivant que la compagnie est nombreuse, et quand on a bien lié les pieds de l'animal, on lui fend le fanon de manière à n'arriver qu'à la partie grasse, et à se contenter de percer quelques petites veines, d'où l'on fait couler quelques gouttes de sang seulement, afin de satisfaire à la loi de Moïse; puis deux ou trois de la troupe procèdent à leur sanglant ouvrage : ils commencent par lui lever la peau de chaque côté du dos, ensuite, enfonçant leurs doigts entre cuir et chair, ils l'écorchent jusqu'à la moitié des côtes et sur la croupe, coupant toujours la peau dans les endroits où ils seraient gênés pour la lever, puis ils dépècent la viande sans toucher aux os, et les mugissements du pauvre animal sont le signal auquel on se met à table.

« Au lieu d'assiette, on sert devant chaque convive des gâteaux ronds, de l'épaisseur d'un demi-travers de doigt, et faits avec du tef; il y a communément deux ou trois de ces gâteaux devant chaque convive, avec quatre ou cinq pains bis ordinaires, dont les maîtres se servent seulement pour s'essuyer les mains en dînant, et que les esclaves mangent ensuite.

« Dès que les convives sont assis, trois ou quatre domestiques s'avancent, portant chacun dans leurs mains un grand morceau de chair crue et saignante, qu'ils posent sur les gâteaux de tef. Tous les hommes tiennent à la main le même coutelas dont ils font usage à la guerre, et les femmes ont de mauvais petits couteaux pareils à nos couteaux de deux sous.

« La compagnie est toujours placée de manière qu'un homme se trouve assis entre deux femmes. Les hommes coupent alors un morceau de viande grand comme un bifteck ordinaire, et l'on distingue encore facilement dans les morceaux de viande les mouvements des fibres musculaires. Les gens au-dessus du commun ne touchent jamais eux-mêmes à leur manger; les femmes prennent la viande, la coupent d'abord par aiguillettes de la grosseur du petit doigt, et ensuite en petits morceaux carrés, qu'elles couvrent de sel et de poivre noir, et qu'elles enveloppent dans un morceau de pain.

« Les hommes, ayant alors remis leurs coutelas dans leurs fourreaux, appuient leurs mains sur les genoux de chacune de leurs voisines, se tiennent le corps penché en avant, la tête avancée et la bouche ouverte, se tournant sans cesse du côté des mains qui leur présentent le morceau, et qui les empâtent si bien, qu'ils courent grand risque d'être étouffés. C'est là une marque de grandeur. Celui qui avale les plus gros morceaux et qui fait le plus de bruit en mâchant, est regardé comme celui qui sait le mieux vivre.

« Dès qu'un homme a expédié le morceau présenté par une de ses voisines, il se tourne vers l'autre, et va ainsi alternativement jusqu'à ce qu'il ait pris sa réfection; il ne boit jamais avant qu'il ait achevé de manger, et, avant de boire, il roule deux ou trois petits morceaux de viande pareils à ceux qu'on lui a servis, et il les présente des deux mains à ses deux voisines, qui ouvrent la bouche toutes les deux à la fois, et par ce moyen il leur marque sa reconnaissance. Il commence à boire dans une grande et belle corne, pendant que les femmes continuent à manger, et quand elles ont fini, tout le monde boit à la ronde, en chantant et en se livrant à la joie.

« Cependant la malheureuse victime qu'on a déchirée et dévorée en partie, saigne toujours, à la porte de cet horrible festin, mais saigne peu, parce que tant qu'on peut enlever de la viande sans toucher aux os, on ne coupe ni les cuisses ni aucune des parties où sont les grosses artères. Mais enfin on en vient là, et bientôt après que l'animal a perdu tout son sang, il devient si coriace que les domestiques sont obligés de lui arracher le reste de la chair avec les dents, et de la dévorer comme de vrais chiens. »

Nous sommes forcés de jeter un voile épais sur les scènes qui suivent ces banquets; elles sont trop contraires à nos idées de pudeur pour trouver place ici. Cependant on ne peut pas les qualifier d'orgies pour les Abyssiniens, car ils les regardent comme naturelles et s'y livrent sans aucun scrupule.

Le médecin Poncet et les missionnaires qui ont visité l'Abyssinie avant Bruce ne parlent ni de ces banquets, ni de la manière de manger des chefs.

Salt, et depuis lui Combes et Tamisier, traitent ces détails de fables. Il est donc prouvé que Bruce s'est grossièrement trompé sur ces deux points; mais, d'un autre côté, il est unanimement reconnu que les Abyssiniens se nourrissent de viande crue qu'ils nomment broundou, et qu'ils ont mauvaise opinion des hommes qui refusent d'en manger. Au surplus, voici les propres paroles de Salt. Après avoir raconté l'anecdote relative au shoulada, et qui a été citée plus haut, il ajoute :

« Il ne faut pas, toutefois, confondre ce fait particulier avec la coutume générale que Bruce attribue aux Abyssiniens de conserver tout vivant l'animal, tandis qu'ils en dévorent la chair, raffinement de cruauté qui suffirait pour les abaisser au dernier rang de l'espèce humaine. Je suis convaincu qu'il s'est trompé sur ce point; je n'ai jamais vu la chose, et je n'en ai jamais entendu parler ni à Pearce, ni à aucune autre personne avec qui j'ai conversé. Les Abyssiniens m'ont déclaré positivement qu'ils n'avaient aucune connaissance d'une coutume si barbare; ils m'ont même assuré qu'elle était impossible, et pour preuve ils m'ont dit que ce serait une sorte de sacrilége, parce que celui qui tue l'animal aiguise toujours son couteau et détache presque entièrement la tête du cou, après avoir fait cette invocation : *Birm Aboua Ouelled, oua Menforis Kedom*, au nom du Père, du Fils, et du Saint-Esprit; ce qui donne à cet acte une sorte de sanction religieuse. »

L'économie rurale et domestique est chez les Abyssiniens au niveau des autres parties de la civilisation. Leurs maisons, loin d'être propres, sont en général pleines de vermine. La terre est cultivée avec négligence, et les laboureurs n'ont recours à aucun des moyens qui ajoutent à la fertilité du sol; ils se servent d'une petite charrue que le laboureur dirige d'une main, tandis que l'autre est armée d'un bâton, dont il frappe une couple de bœufs vigoureux. Les vaches ne sont jamais attelées à la charrue, on les réserve pour la boucherie; au contraire, on ne tue jamais un bœuf à moins qu'il ne soit incapable de travailler. Lorsqu'on veut disposer un terrain vierge pour la culture des céréales, on en coupe tous les arbres et les bruyères, auxquels on met le feu, après les avoir amoncelés sur différents points; quand le feu les a consumés, on laboure deux ou trois fois la terre, qui alors devient propre à la culture.

Au commencement des pluies, les champs les plus éloignés des villages sont souvent ravagés par les cochons et par les singes, qui sont très-nombreux dans le voisinage des montagnes. On voit des bandes de ces animaux mettre en fuite les gardiens des champs, et ne se retirer que lorsque des renforts viennent pour les repousser; encore leur retraite ne s'opère-t-elle que graduellement, si l'on n'emploie contre eux les armes à feu. Quand les léopards se mettent en campagne, les singes rentrent dans les bois; mais le laboureur ne s'en trouve pas mieux, car si ses moissons n'ont plus rien à craindre, il voit chaque jour diminuer ses troupeaux.

La terre se couvre naturellement d'une foule de mauvaises herbes d'une végétation puissante, qui étoufferaient la moisson si on ne prenait pas soin de les arracher avant que le blé ait montré ses épis. Ce travail, pour lequel les habitants se prêtent un secours mutuel, se fait avec beaucoup de solennité. Chaque chef rassemble tous ses soldats, et se met à leur tête; avant d'entrer dans les champs, ceux-ci déposent leurs armes, se rangent en ligne, chantent en chœur un air de circonstance, et, guidés par une femme, ils parcourent ainsi la campagne, arrachant à mesure toutes les herbes. Les ouvriers de la ferme, les enfants et les jeunes filles les ramassent derrière eux, et vont les poser sur la lisière du champ. C'est surtout au mois de septembre que les chefs occupent ainsi leurs soldats, pour préserver le tef, leur céréale favorite. Au retour de cette expédition, ils régalent leur armée de viande crue et de maïse. Ce repas est le plus doux fruit de leurs travaux, car, pour faire plaisir à des soldats ou honneur à des étrangers, on ne connait rien au-dessus d'un morceau de viande crue arrosé d'un verre de maïse.

Malgré cette prédilection pour la viande crue, les Abyssiniens préparent diverses espèces de ragoûts et de sauces, dont Pearce parle longuement. La politesse consiste surtout à étouffer les convives : le plus sûr moyen de complaire aux Abyssiniens et d'attirer leur estime, est de manger copieusement; toutefois, en temps de guerre, ils font grand cas de ceux qui vivent sobrement.

En Abyssinie, comme dans tous les pays peu civilisés, chacun est son boulanger, son tailleur, son tisserand; personne ne s'occupe d'un travail spécial, et les arts et les métiers doivent nécessairement en souffrir. Cependant la fabrication des étoffes de coton tient le premier rang parmi les ressources de l'industrie; les tisserands travaillent avec beaucoup d'habileté; les toiles qui sortent de leurs ateliers ont presque toujours une égale longueur, et leur couleur est uniformément blanche; mais on ajoute au bas une bande rouge ou bleue, qui varie de largeur selon la finesse du tissu; les toiles qui servent de monnaie et qu'on appelle *chamma*, ont une bande noire; les qualités désignées sous le nom de *kouaré* sont supérieures aux premières, et leur bande est rouge; les *morgaf*, qu'on ne fabrique que dans les ateliers de Gondar, sont les tissus les plus fins; ils ont une riche bordure en soie de quatre doigts de large. Ces toiles sont un objet de luxe, et les princes eux-mêmes ne revêtent pas tous les jours un morgaf; c'est une parure très-recherchée des femmes, qui mettent tout en œuvre pour se la procurer.

Les tissus dont on se sert pour les caleçons, les chemises et les ceintures, sont plus serrés et plus forts que les toiles dont nous venons de parler, et n'ont ordinairement que dix-huit à vingt pouces de large.

L'Abyssinie renferme des mines de fer d'une grande richesse, mais les naturels, ne sachant pas les exploiter, n'en retirent que de modiques avantages; ils fabriquent cependant des lames de sabre, des fers de lance, des couteaux, des ciseaux, et divers ustensiles de ménage. L'un des instruments les plus parfaits fabriqués par les Abyssiniens est la hache; elle leur sert à couper les arbres et à équarrir le bois. Les portes des maisons des princes, dont chaque battant a deux pieds de large, sur deux pouces d'épaisseur et dix pieds de hauteur, sont faites à coups de hache; mais cet instrument n'est guère propre à économiser le bois, car, si grand que soit un arbre, ils n'en obtiennent jamais qu'une seule planche.

Un grand nombre de naturels s'occupent de tanner les peaux de bœuf et d'âne; jamais on n'utilise celles des chevaux ou des mulets. Dès qu'un bœuf est dépouillé, le tanneur emporte la peau, qu'il accroche à des piquets fichés en terre pour l'empêcher de se contracter, et, après avoir enlevé le poil, il parvient à la rendre souple et à lui donner une teinte rougeâtre avec une préparation dont les ouvriers font mystère.

Les Abyssiniens découpent en forme de palatine ou petit manteau, des peaux de mouton, de tigre ou de lion, et les jettent avec grâce sur leurs épaules.

Les peaux dont se parent les grands personnages sont doublées en indienne ou en soie et bordées sur le haut en maroquin rouge venu d'Arabie; elles se ferment par une agrafe en cuir. Les fourreaux de sabre et les gaînes de couteau sont en cuir, de même que les ceinturons, les sangles, les brides et les courroies. Avec des peaux d'hippopotame et de buffle, on fait des boucliers à l'épreuve de la balle; les princes et les gouverneurs les doublent en drap ou en velours, et les couvrent en dessus de plaques en cuivre; ce métal ne sert qu'à cet usage et à orner les colliers des mules.

On trouve des mines d'or dans plusieurs provinces, mais on n'en retire presque rien; on ramasse aussi des paillettes d'or en lessivant le sable de certaines rivières. Aux beaux temps de la monarchie, on voyait dans les palais des rois, des vases et des coupes d'or qui ont aujourd'hui disparu. « Dans le cours de nos longs voyages, disent MM. Combes et Tamisier, à peine avons-nous rencontré deux ou trois individus portant des bagues de ce métal. »

Un grand nombre d'ouvriers sont employés à l'exploitation des mines de sel gemme, qui se trouvent sur les frontières du Denkali et du Tigré; ils se servent d'une hache avec laquelle ils forment des tablettes assez lourdes. Les hommes qui se livrent à ce travail courent souvent de grands dangers, car les tribus galla du voisinage se mettent en embuscade et tombent à l'improviste sur les ouvriers qu'ils massacrent, pour leur enlever le sel qu'ils ont extrait.

Cette contrée étant presque entièrement dépourvue de bois de construction, les charpentiers n'ont pas fait de grands progrès dans leur art. Ce que ces ouvriers exécutent de plus remarquable, ce sont les montures des fusils, des mortiers pour piler les céréales, des chaises, des lits, des manches d'outils, et des instruments de musique, tels que violons, guitares, lyres, haut-bois, etc.

Quoique peu variés, les articles de poterie sont d'un fini admirable; les cruches à deux anses sont énormes, et les vases ont quelque ressemblance avec ceux qu'on trouve peints sur les monuments de la vieille Égypte.

Avec de la paille les Abyssiniens font des corbeilles pour renfermer le pain et la viande, des paniers pour le lait, des couvercles pour les plats, et des tamis pour passer la farine; ils ont des tables et des parasols en cuir; avec des roseaux ils font des nattes, des étuis pour les aiguilles, la poudre, le tabac et les amulettes; ils font avec du jonc des capes qui les garantissent de la pluie.

Les femmes occupées de l'intérieur du ménage brisent entre deux pierres les grains, le sel, le poivre, la cannelle, les piments et le gingembre.

Les calebasses sont utilisées; on les remplit d'eau, de lait, de vin, de miel et de beurre; quelques-unes sont bariolées de dessins et entourées d'ornements de cuir et de perles fausses.

On emploie les cornes de divers animaux à une foule d'usages ; on en fait des poignées de sabre et divers outils ou ustensiles, comme écritoires, salières, poivrières, gobelets pour boire, etc. Les cornes des bœufs sanga sont conservées dans toute leur longueur, et on les remplit ordinairement d'hydromel. Au moyen de paniers suspendus aux branches des arbres, les Abyssiniens recueillent une grande quantité de miel, qu'ils réservent pour fabriquer de l'hydromel. Dans plusieurs provinces, on fait du vin en procédant comme en Europe ; il est peu spiritueux, mais bon ; on le renferme dans des pots mal bouchés, et on ne le conserve que peu de mois. Pour obtenir de l'eau-de-vie, on fait fermenter des raisins secs dans un vase rempli d'eau, et un pot de terre auquel on a adapté un tuyau en bambou tient lieu d'alambic.

Mais la bière est la boisson la plus répandue ; on la fait principalement avec de l'orge ou du dagoussa ; la bière d'orge s'obtient en plongeant dans l'eau des pains de ce grain, et en y mêlant des feuilles de taddo, qui aident à la fermentation. Pour la bière de dagoussa, on se borne à laisser fermenter dans l'eau la farine de cette céréale. L'indigo croît naturellement en Abyssinie, et dans plusieurs provinces la canne à sucre est très-commune ; on trouve encore du safran, des aloès, du benjoin, de la gomme laque ; mais les habitants ignorent les propriétés de toutes ces productions.

Incapables de perfectionner les produits de leur industrie, les Abyssiniens ont senti la nécessité d'établir des relations commerciales avec les autres parties du globe, afin de se procurer divers objets manufacturés qui leur manquaient.

Dès que les pluies sont écoulées, c'est-à-dire au commencement du mois d'octobre, plusieurs caravanes partent de Gondar pour se rendre à Massaouah, où se fait tout le commerce extérieur. Autrefois les marchands allaient jusqu'en Syrie ; aujourd'hui bien peu osent s'aventurer sur mer.

Les caravanes conduisent environ mille esclaves par an : elles portent également de l'or, du musc, des cuirs, du café supérieur à celui de l'Hyémen, des cornes de rhinocéros et des défenses d'éléphant. Les divers gouverneurs des provinces que les caravanes parcourent, imposent fortement les marchandises et les esclaves : ceux-ci payent environ vingt-cinq francs de droits par tête, et le seul gouverneur de Massaouah exige de plus vingt francs pour un esclave mâle, et vingt-cinq pour une femme. Les esclaves coûtent à Gondar environ cinquante francs, quel que soit leur sexe, et on les vend deux cents à deux cent cinquante francs à Massaouah.

Les commerçants de la capitale envoient aussi dans le Sennaar des caravanes qui amènent annuellement plus de deux mille esclaves ; mais il en meurt beaucoup, surtout dans les pays sujets à la petite vérole.

A leur retour de Massaouah, les caravanes rapportent des tapis, des maroquins écarlates, du drap, des velours, de la soie, des toiles rouges et bleues, de la percale connue dans le pays sous le nom de bafta, des indiennes qui servent à doubler les peaux de mouton, des sabres longs et pesants, des pistolets d'arçon à la turque, des fusils à mèche et à pierre, de la cannelle, des clous de girofle, des essences, du sucre, du riz, du coton filé et teint en rouge, du tabac à priser, en feuilles, et beaucoup d'autres objets de consommation ou de luxe; toutes ces marchandises sont de qualité inférieure.

Quoique le commerce intérieur de l'Abyssinie soit peu florissant, les marchés y sont très-répandus. Les marchands se réunissent ordinairement à peu de distance des maisons, dans un lieu plat entouré de pierres, qui servent de siéges. Les monnaies courantes sont les toiles, les sels et les talaris; un talari vaut cinq francs, une toile un demi-talari, et vingt sels représentent un talari; le Tigré, qui a du sel en abondance, préfère les toiles; le contraire a lieu dans les pays situés au delà du Tacazé; les talaris sont acceptés partout.

Nous terminons ici ce qui regarde l'Abyssinie, et les divers voyageurs qui ont successivement visité ce pays. Aujourd'hui les étrangers ne sont plus repoussés de son territoire, et deux Français viennent de partir pour l'explorer de nouveau. Les moyens qu'ils ont à leur disposition, et qui manquaient à

MM. Combes et Tamisier, permettront à nos courageux compatriotes de fixer désormais la géographie de ces contrées, et d'éclairer les points de la science qui sont encore en suspens. Nous allons passer maintenant aux divers voyages exécutés en Nubie, et nous commencerons par celui de Browne dans le Dar-Four.

CHAPITRE VI.

W. G. BROWNE. — VOYAGE AU DAR-FOUR.

(1793-1796.)

Divers voyageurs qui avaient résidé en Égypte, et notamment Ledyard, parlaient d'un royaume situé à l'ouest de la Nubie et de l'Abyssinie, et connu sous le nom de Dar-Four; mais c'est tout ce qu'on savait sur cet État, dont on trouvait cependant des indigènes en Égypte, soit comme marchands, soit comme esclaves. Au commencement de 1793, W. G. Browne, étant au Caire, voulut satisfaire a curiosité et son goût des aventures périlleuses, et entreprit de visiter le Dar-Four. Il savait que ses habitants sont les plus tolérants de tous les mahométans : il pensa donc que, s'il parvenait jusque dans cette contrée, il aurait le choix des routes, et serait amplement dédommagé de la longueur du voyage par les renseignements précieux qu'il obtiendrait sur les mœurs des habitants de l'intérieur. Instruit d'ailleurs que les Dar-Fouriens poussaient leurs excursions armées, pour se procurer des esclaves, à plus de quarante journées vers le sud, le long des rives du Bahar-el-Abiad, et soupçonnant que ce fleuve n'était autre chose que la partie du Nil encore inexplorée par les Européens, il se flattait, en accompagnant une de leurs expéditions, non-seulement de faire cette découverte, mais de parcourir au moins cinq degrés d'un pays entièrement inconnu.

Plein de ce vaste projet, il acheta cinq chameaux à Syouth, et partit avec la caravane du soudan le 28 mai 1793. Après avoir traversé une contrée stérile et montagneuse, il arriva le 31 sur une montagne assez escarpée, d'où, par un sentier difficile, on descend dans le désert. Du sommet les voyageurs virent se dérouler devant eux une plaine immense, couverte de sables et de rochers, dont quelques dattiers épais et des touffes d'arbrisseaux rabougris interrompaient l'uniformité. Le second jour ils entrèrent dans la grande Oasis-el-Ouah, puis, après cinquante-deux jours de marche, ils arrivèrent au Dar-Four le 23 juillet, et se logèrent dans le village de Soulini.

Là, Browne s'aperçut qu'il aurait à surmonter bien d'autres difficultés que les fatigues du voyage. Les gens de la caravane s'étaient dispersés pour vaquer à leurs affaires; Browne, resté seul, fut regardé par les naturels du pays comme un mécréant qui portait sur sa figure l'empreinte de l'infériorité de son espèce, et dont la couleur était l'effet d'une maladie ou de la malédiction du Ciel. Il avait pris à son service un indigène du Caire, autrefois marchand d'esclaves, pour le charger de ses affaires d'intérêt dans le Dar-Four, où tout le commerce ne se fait que par échange. Cet homme, avec lequel il avait eu déjà des démêlés pendant le voyage, non-seulement lui vola plusieurs objets de valeur, mais, par une insigne trahison, le rendit encore suspect au sultan, l'empêcha d'être admis en sa présence, et le fit reléguer à Cobbé, avec ordre de loger dans la maison d'un des agents de cette machination. En ce lieu, Browne eut une violente et longue attaque de dyssenterie. A peine convalescent, il se rendit à El-Facher pour obtenir une audience du roi; mais, reçu avec le dédain le plus marqué, il eut rarement la faculté de se présenter devant lui, et ne trouva jamais l'occasion de lui parler. De plus, les effets qu'il avait apportés pour les employer, soit au commerce, soit en présents, furent saisis, et l'on s'en empara pour l'usage du sultan.

Browne demeurait alors chez le *melek des Jelabs*, officier qui exerce la police sur les marchands étrangers. Encouragé par la bonté et les égards que lui montrait son nouvel hôte, il voulut employer sa médiation pour obtenir quelque compensation de la perte de ses effets saisis, et la permission d'accompagner les expéditions militaires destinées à la chasse des esclaves; mais informé qu'il y périrait indubitablement, soit par la main des brigands auxquels il se trouverait associé, soit par les armes des tribus victimes de leur agression, il abandonna ce projet et sollicita l'autorisation de passer, ou dans le pays de Bergou, premier royaume mahométan à l'ouest, ou dans le Sennaar par le Kordofan; mais le melek lui fit observer que ces deux routes étaient également impraticables, à cause de l'inimitié qui existait entre le Bergou et le Dar Four, et de l'insurrection survenue dans le Kordofan; il lui conseilla donc de saisir la première occasion pour retourner en Égypte. Le retour n'était pas facile, parce que le sultan retenait les caravanes, dans le dessein de s'approprier le commerce exclusif du soudan avec l'Égypte; cependant le melek avait promis d'employer toute son influence pour faire réussir un de ces projets, lorsque sa mort, presque subite, détruisit toutes les espérances de Browne; on lui dit même que le sultan ne lui permettrait jamais de sortir du Dar-Four.

Browne assista cependant, sans en tirer aucun avantage, à une grande audience publique où le monarque parut dans toute sa magnificence. Un de ses officiers criait de temps à autre : « Voici le buffle, le descendant d'un buffle, le taureau des taureaux, l'incomparable éléphant, le puissant sultan ! Que Dieu te conserve la vie, ô mon maître ! que Dieu t'aide, te protége, et te rende toujours victorieux ! »

Pendant près de huit ans, les choses restèrent dans le même état ; Browne faisait quelquefois le médecin ; son courtier, l'Égyptien qui n'avait pu réussir à l'assassiner, cherchait le moyen de l'empoisonner. La populace décelait des dispositions à commettre quelque acte de violence ; enfin ses moyens de subsistance s'épuisaient, et le sultan refusait toujours de le laisser sortir du Dar-Four. Alors Browne, obligé de recourir à la ruse, représenta au chef de la caravane et aux principaux marchands le danger auquel ils étaient exposés s'ils revenaient sans lui en Égypte, ajoutant qu'il avait trouvé moyen de faire connaître dans ce pays sa situation actuelle. Cette insinuation produisit de l'effet ; les marchands, intimidés, firent de vives instances auprès du sultan, qui permit enfin à Browne de suivre la caravane, avec laquelle il arriva à Syouth en juillet 1796, après plus de huit ans d'absence.

Durant son séjour forcé dans le Dar-Four, Browne fit des recherches nombreuses sur les peuples environnants et sur les pays qu'ils habitent, et rassembla ainsi plusieurs notions intéressantes.

Le Dar-Four, dont le nom signifie le pays de

Four, situé au sud-est du Bergou, et borné à l'est par le Kordofan, occupe une étendue considérable et très-boisée. En plusieurs endroits, pendant la sécheresse, le pays découvert offre un aspect stérile et aride ; mais à peine les pluies commencent-elles à l'arroser, que la scène change pour ainsi dire à vue d'œil, et la surface ardente de ce sol sablonneux se couvre de la plus brillante verdure et de la plus riche végétation. Le maïs, le sisame, les fèves et autres légumes, y croissent en abondance, et fournissent à la nourriture des habitants.

Il y a plusieurs espèces d'arbres dans le Dar-Four, mais le tamarinier est le seul qui s'élève à une grande hauteur; le dattier n'y acquiert qu'une médiocre grosseur, et ne paraît pas indigène. Le chameau, la brebis, la chèvre et les bestiaux sont très-nombreux; les chevaux et les ânes viennent d'Égypte et de Nubie ; le lion, le léopard, l'hyène, le renard, le buffle, tels sont les animaux sauvages. Les termites, ou fourmis blanches, pullulent ; l'insecte qui fournit la cochenille s'y rencontre fréquemment aussi, mais on n'a jamais essayé d'en tirer parti. Le pays produit une quantité considérable de nitre; un district fournit du sel fossile, et les pâtres arabes recueillent du soufre dans les régions du sud et de l'ouest. Les villages sont très-nombreux dans le Dar-Four, et ne contiennent guère chacun que deux cents habitants; à peine compte-t-on une demi-douzaine de villes, dont une seule est importante : c'est Cobbé ; elle a plus de deux milles de long, mais elle est extrêmement étroite, et renferme beaucoup d'arbres et de terrains vagues dans son enceinte.

Browne évalue à deux cent mille individus la population du royaume ; elle se compose des tribus indigènes, qui diffèrent des nègres par les traits du visage, quoiqu'ils aient, ainsi que ceux-ci, la peau d'un noir très-foncé et les cheveux laineux, et de diverses tribus d'Arabes, dont une partie réside dans l'intérieur, tandis que l'autre, plus nombreuse, mène une vie errante sur les frontières.

Les indigènes du Dar-Four sont d'un naturel plus gai que les Égyptiens, mais ils ressemblent aux Maures par la violence de leurs passions, leur penchant au mensonge, leur malpropreté, et leurs idées sur le droit de propriété; les femmes éprouvent moins de contrainte chez eux que dans tout autre pays mahométan, et celles qui sont mariées peuvent sortir sans voile, faire des emplettes au marché, et causer avec des hommes, sans offenser leurs maris ou leurs parents. En revanche, les plus durs travaux des champs et tous les soins du ménage sont le partage des femmes : on les voit souvent, chargées d'un pesant fardeau, marcher derrière leurs maris, qui les précèdent, montés sans souci sur leur âne.

Les Dar-Fouriens font la moisson en détachant les épis de la tige. Au commencement de la saison des pluies, l'usage veut que le roi et les principaux chefs accompagnent aux champs les cultivateurs, et les encouragent au travail par leur exemple. Du reste, le roi, ou, suivant la dénomination ordinaire, le sultan du Dar-Four, jouit d'un pouvoir absolu, et confère une autorité sans bornes à ses délégués dans les provinces.

Les revenus du sultan se composent de taxes sur les marchandises importées et exportées, de tributs annuels payés en bestiaux par les Arabes, et en grains par les villes et les villages du royaume; enfin d'amendes, de confiscations et de présents. Son armée n'est point nombreuse, puisque quatre mille hommes passent pour un corps de troupes formidable. Ces soldats ne se distinguent ni par leur habileté, ni par leur courage et leur persévérance, quoiqu'ils supportent avec une grande résignation la faim, la soif et la fatigue, et qu'ils n'emportent pour tout équipage de campagne qu'une natte légère. Les troupes sont passées en revue tous les ans à l'occasion d'une fête militaire appelée l'inauguration des timbales, où tous les personnages distingués offrent des présents au sultan; on célèbre ce jour par différentes cérémonies religieuses, et entre autres par le sacrifice d'un jeune garçon et d'une jeune fille. Chaque sultan, le jour de son inauguration, allume, dit-on, un feu que l'on entretient avec soin jusqu'à sa mort; à son avénement, on étend devant lui les divers tapis sur lesquels les monarques décédés avaient coutume de s'asseoir; son choix devient l'augure de son caractère, et fait supposer qu'il ressemblera à celui de ses prédécesseurs dont le tapis a obtenu la préférence.

Les régions montagneuses situées au sud du Dar-Four renferment plusieurs espèces de métaux, et les naturels connaissent l'art d'extraire le cuivre du minerai. Ce cuivre se trouve dans un canton nommé *Fortet*, situé à vingt-quatre journées de Cobbé; à huit journées environ des mines vers l'est, on voit la source du Nil occidental ou Nil blanc, qui prend sa naissance dans un groupe de quarante montagnes distinctes appelées monts de la Lune; une infinité de ruisseaux en descendent et forment, en se réunissant dans un seul lit, le Nil occidental.

Ce fut la première indication sur les fameuses sources du vrai Nil; depuis, toutes les informations qu'on a pu prendre auprès des caravanes qui viennent de ce côté, ont unanimement confirmé ce que Browne a avancé, et cette opinion est généralement adoptée. Un jour viendra où quelque intrépide voyageur vérifiera le fait de ses propres yeux, et arrivera à la solution de ce grand problème géographique, cherché depuis si longtemps.

CHAPITRE VII.

BURCKHARDT. — VOYAGE EN NUBIE.

(1813-1815.)

§ I. Voyage dans le Nouba propre.

Bruce n'avait fait connaître que le pays des Berbers et le grand désert oriental de Nubie ; quelques autres voyageurs avaient bien essayé de pénétrer dans cette contrée ; mais, maltraités par les habitants, ils s'étaient vus forcés d'abandonner leurs projets. En 1813, Jean-Louis Burckhardt, Suisse d'origine, qui voyageait dans le centre de l'Afrique pour le compte de l'Association africaine de Londres, ne pouvant trouver une caravane allant dans le Fezzan, se décida à pénétrer en Nubie, afin de vérifier la relation de Bruce, dont le ton de jactance avait fait révoquer en doute la véracité, et de faire de nouvelles observations sur ces peuples alors peu connus. Ce voyageur intrépide et savant, connu parmi les musulmans sous le nom de Cheik-Ibrahim, possédait des connaissances variées, et était bien propre à la mission qu'il avait acceptée de la Société africaine.

Ce fut le 24 février 1813 qu'il partit de Syène. Il avait acheté deux dromadaires, l'un pour lui-même, l'autre pour les guides qu'il allait prendre d'un canton à l'autre. Il quitta l'habillement turc, qu'il avait porté jusque alors, pour le thabout, ou la couverture bleue des marchands de la haute Égypte; tout son bagage consistait en un fusil, un sabre, un pistolet, un sac de vivres et un manteau de laine de Barbarie. Comme il parlait l'arabe comme un indigène, il passa pour un Égyptien; il ne prit avec lui que soixante-cinq francs, et après avoir fait un voyage de quatre cent cinquante milles anglais en remontant le Nil, et autant en le descendant, il revint avec vingt-quatre francs, n'en ayant dépensé que quarante-un; ce ne fut pas par avarice, mais moins un voyageur dépense dans ce pays, et plus il est sûr de ne pas se voir arrêté en route. Les deux dromadaires avaient coûté cinq cent cinquante francs, et après un service de trente-cinq jours, et généralement de dix heures par jour, ces animaux se trouvaient en parfaite santé.

Mais il faut observer que notre voyageur s'était accoutumé à vivre comme les indigènes, avec un peu de dourra ou d'autres aliments aussi grossiers. Sa manière de voyager ne permettait aucune observation astronomique, puisque le seul aspect de l'instrument aurait trahi l'Européen.

Le 6 mars, Burckhardt arriva à Derr, ville de deux cents maisons, et la principale place entre Dongola et Syène, dont elle est éloignée de cent cinquante milles. C'est la résidence de Hassan-Kachef, un des gouverneurs héréditaires de la Nubie; il descendit dans sa maison, suivant l'usage de tout voyageur qui ne veut pas passer pour un vagabond. Hassan, auquel il n'avait pu être présenté le soir, le surprit le lendemain dans la halle ouverte où il était couché, en lui demandant s'il était un marchand ou un agent du pacha. Burckhardt avait eu l'intention de se donner pour un agent de Mohammed-Ali; mais les discours des paysans lui avaient appris que les chefs nubiens redoutaient autant les mameluks de Dongola que le pacha; sachant que deux beys étaient logés dans la maison, il conclut qu'il serait mal vu comme agent du pacha, et répondit hardiment que le cheik Ibrahim voyageait pour s'amuser, comme les deux Anglais qui venaient de repartir (MM. Legh et Smith). Cette réponse excita moins les soupçons que l'avidité du prince. Notre voyageur lui fit un présent de savon, de café et de deux bonnets rouges, le tout valant cent vingt francs. « C'est bien peu, dit le prince; les deux Anglais m'ont donné des cadeaux pour mille piastres (la piastre turque vaut deux francs), pour aller seulement à Ibrim; vous ne me donnez que des bagatelles, et vous prétendez aller au delà de la seconde cataracte. — C'est vrai, je donne peu, je ne suis pas riche; mais voyez ma lettre de recommandation du bey d'Esné. » Puis, dans une audience particulière, il lui insinua qu'il savait qu'une caravane, dans laquelle le kachef avait une part, pourrait bien être arrêtée à Esné, si le bey apprenait qu'on lui avait opposé des obstacles. « Bon, bon, dit le prince étonné et radouci, vous pouvez aller en avant, » et il lui donna même une lettre de recommandation.

Notre voyageur partit donc pour Ibrim. Les habitants, descendants des Bosniaques comme ceux de Derr, conservent mieux leur teint et leur physionomie; ils disent avec fierté : « Nous sommes Osmanlis et non pas Noubas. » Presque indépendants sous un kadi héréditaire, ils se livrent souvent des combats sanglants ; mais le vol est inconnu parmi eux. Le dourra reste en tas dans les champs sans être gardé; les bœufs et les vaches errent à leur gré, et l'on voit des ustensiles de ménage laissés pendant la nuit sous des palmiers. Depuis Damas, en Syrie, Burckhardt n'avait pas vu de semblables preuves de confiance.

Le guide faisait toujours descendre le voyageur à la maison du principal habitant; on étendait aussitôt par terre devant la porte une natte, sur laquelle il dormait, car il n'est permis qu'aux amis intimes d'entrer dans la maison. Le souper qu'on lui offrait consistait en pain de dourra et en lait, quelquefois on nourrissait les chameaux ; rien de cela ne se paye, il n'est donc pas étonnant qu'un voyage coûte si peu.

Un soir, Burckhardt fut invité à un festin d'enterrement; on avait tué une vache, et tout le voisinage en recevait sa part. C'est l'usage des familles riches; les pauvres se contentent de tuer un mouton ou une chèvre.

A Ouady-Halfa, il passa la seconde cataracte, dont le bruit se faisait entendre pendant la nuit à la distance d'une demi-heure de marche. Les rochers ont des formes singulières : ils sortent du milieu des sables en petits groupes; dans les creux qu'ils laissent entre eux, les eaux du Nil, restées après l'inondation, forment des étangs qui sont ombragés d'une manière pittoresque par la verdure des grands tamarins et par les masses noires des rochers. Depuis Ouady-Halfa jusqu'à Succoth, il y a une suite de petites cataractes semblables à celles d'Assouan. Tout le terrain est couvert de rochers; c'est un endroit dangereux pour les voyageurs isolés et mal armés. Le Nil est si étroit, qu'on peut lancer une pierre d'une rive à l'autre.

Les principaux habitants sont des Arabes qui se disent des chérifs ou nobles venus de la Mecque; ce sont des hommes bien faits, d'une belle physionomie, d'une couleur brune extrêmement foncée; les deux sexes vont nus, probablement à cause de leur extrême pauvreté, car ils vivent de feuilles de fèves et de fruits légumineux de quelques arbustes sauvages. Burkhardt ayant donné à plusieurs familles, réunies dans un champ de coton, une petite quantité de dourra, les femmes en parurent ravies, et lui assurèrent qu'elles n'avaient pas mangé de pain depuis deux mois; elles en firent aussitôt, et la nuit entière se passa au bruit de leurs chants de joie.

Près d'un endroit nommé Djebel, les guides arabes ont l'usage d'exiger un présent extraordinaire de celui qu'ils conduisent. Voici comment ils s'y prennent: ils font halte, mettent pied à terre, et forment un petit tas de sable et de cailloux, à l'instar de celui que les Nubiens mettent sur les tombeaux; ils appellent cela creuser le tombeau du voyageur. Cette démonstration est suivie d'une demande impérieuse. Burckhardt, ayant vu son guide commencer son travail, se mit tranquillement à l'imiter, puis lui dit: «Voilà ton tombeau! car, puisque nous sommes frères, il est juste que nous soyons enterrés ensemble.» L'Arabe ne put s'empêcher de rire en citant le vers du Koran: «Aucun mortel ne connaît le coin de terre où sera creusé son tombeau.» Ils remontèrent sur leurs chameaux aussi bons amis qu'auparavant.

L'île de Kolbé est le commencement du district de Succoth, où la vallée du Nil s'ouvre un peu plus. Pour visiter une espèce de gouverneur qui demeure dans l'île, notre voyageur traversa le fleuve sur un *ramous* ou radeau de quatre troncs de palmiers liés en carré, semblables à ceux qui sont représentés sur les monuments égyptiens.

A Iraou, on entre dans la petite principauté ou

dar de Mahass. Le *roi* était un petit homme noir, de mauvaise mine, entouré d'une demi-douzaine d'esclaves armés de lances. Il a donné une de ses filles en mariage à Hossein-Kachef, un des trois frères qui gouvernent la Nubie. Celui-ci, avec son frère Mohammed-Kachef, était venu à son secours contre un rebelle qui s'était rendu maître d'un château voisin.

Burckhardt fut présenté à Mohammed le soir même de la prise du château; le prince était hors d'état de se tenir sur ses pieds, tant il avait bu de vin de palmier; il roulait des yeux féroces, et sa peau noire et ses grosses lèvres rendaient son aspect peu rassurant. Invité à une fête, où *l'armée* s'amusait à s'enivrer et à tirer des coups de fusil, Burckhardt courut des dangers, qui s'accrurent encore au moment où le prince, ayant cuvé son vin, se mit à l'interroger. « Je suis venu, dit Cheik-Ibrahim, pour voir les châteaux d'Ibrim et de Say, monuments du grand empereur Sélim; j'avais des lettres du bey d'Esné pour votre frère Hassan-Kachef et pour vous; mais elles sont restées à Den, entre les mains de Hassan, parce qu'il ne voulait me permettre d'aller que jusqu'à Succoth; mais étant venu à Say, et ayant appris que vous étiez ici, j'ai cru que ce serait vous manquer de respect que de ne pas me présenter devant vous. — Vous êtes un agent de Mohammed-Pacha, s'écria le secrétaire arabe du kachef; mais apprenez qu'à Mahass nous crachons sur la barbe de Mohammed, et nous coupons la tête aux ennemis des mameluks. » Cet interrogatoire dura toute la soirée; le kachef continua à délibérer sur le sort du voyageur une partie de la nuit; mais personne ne soupçonnait l'origine européenne du voyageur, et il était décidé à ne la faire connaître qu'à la dernière extrémité. L'arrivée de Heisson, homme plus doux, et celle de deux neveux du gouverneur de Succoth qui avaient lu la lettre de recommandation donnée par Hassan, le tirèrent enfin de cette fâcheuse situation, et il repartit promptement.

En retournant sur ses pas, Burckhardt vit à Soleb, sur la rive occidentale du Nil, les restes d'un grand temple égyptien, qu'on lui disait être le dernier monument de ce genre au sud de l'Égypte; il ne put trouver moyen de passer le fleuve. Ce ne fut qu'à Kolbé qu'il put effectuer le passage. La rive occidentale est moins fertile que l'orientale; les sables du désert roulent par torrents jusque dans le lit du fleuve; les gazelles viennent par troupes s'y désaltérer tous les matins. A Ouady-Samné, il y a un petit temple égyptien dont les sculptures sont d'une exécution grossière. Le temple est environné de ruines d'autres édifices, d'un rempart en briques et d'un parapet ou glacis en gros blocs de pierre. D'autres restes de temples, d'églises et de couvents, à Halfa et à Taras, présentent le même caractère de médiocrité; mais les magnifiques ruines d'Ebsambol ou Ibsambol dédommagent le voyageur. Ce temple est taillé dans le flanc presque vertical d'une montagne qui borde le Nil. Dans le parvis, situé à vingt pieds au-dessus du niveau de l'eau, s'offrent, de chaque côté, le long du mur, dans des niches étroites, trois figures colossales représentant Osiris, Isis et une autre divinité plus jeune. Elles sont toutes de la même grandeur, debout, une jambe devant l'autre, dont la hauteur jusqu'aux genoux est de six pieds et demi. Elles sont accompagnées d'autres figures beaucoup plus petites, disposées autour de leurs jambes. L'espace intermédiaire entre les niches est couvert d'hiéroglyphes. Une petite porte conduit dans la nef (*pronaos*), supportée par six colonnes carrées, ayant chacune trois pieds carrés d'épaisseur; ce pronaos a treize pas de long et sept de large. Les chapiteaux des colonnes représentent des têtes d'Isis. Trois portes, dont une large et deux petites, ouvrent le chœur (*cella*), qui n'a que trois pas de profondeur, et de chaque côté une cellule obscure. Le sanctuaire (*adytum*) a sept pieds carrés; en face de l'entrée, on distingue les restes d'une statue taillée dans le roc vif, et dans le sol se trouve un caveau profond. Les murs des trois appartements sont couverts d'hiéroglyphes et d'autres figures qu'on voit ordinairement dans les temples égyptiens et nubiens.

Croyant avoir exploré toutes les antiquités de cet endroit, Burckhardt allait redescendre la montagne, lorsque, se détournant un peu vers le sud, il découvrit quelques monuments qui excitèrent au plus haut degré son admiration : c'étaient quatre immenses statues taillées dans le roc à environ cent toises du temple; malheureusement elles étaient presque enterrées dans les sables. La tête d'une seule est encore visible, avec une partie de la poitrine et des bras ; on n'aperçoit presque rien de la seconde, dont la tête a été brisée, et le corps est couvert de sable jusqu'au-dessus des épaules; il ne paraît des deux autres que les bonnets en forme de boisseaux. Ces statues ne regardent pas le Nil comme celles d'Ebsambol; elles sont tournées vers le nord, et semblent indiquer la partie la plus fertile de l'Égypte; sur le devant des coiffures est gravé un nilomètre; les bras sont couverts d'hiéroglyphes bien exécutés. La statue a vingt-un pieds d'une épaule à l'autre, et ne peut par conséquent, si elle est debout, avoir moins de soixante-dix pieds de hauteur; les oreilles ont chacune quarante pouces de long. Au centre des quatre statues est la figure d'un Osiris à tête d'épervier, surmontée d'un globe. Le pan du roc, derrière les figures, est couvert d'hiéroglyphes, et au-dessus se trouve une rangée de plus de vingt figures assises, également taillées dans le roc et hautes de six pieds, mais tellement effacées, qu'il a été impossible de deviner ce qu'elles représentaient. A quelques pas de distance, du côté du sud, est une excavation dans le roc, avec des degrés pour monter du rivage jusqu'aux statues.

A Dakki, le voyageur admira un des plus beaux restes d'antiquité que l'on rencontre dans la vallée du Nil. Au centre d'un propylée long de trente pas se trouve une porte qui communique avec la nef, dans laquelle on pénètre entre deux colonnes ornées des mêmes chapiteaux que le temple ouvert de Philœ, et qu'on ne voit nulle part en Égypte.

A Kalabschi est un autre temple, taillé dans le roc ; les murs du vestibule sont couverts de bas-reliefs très-bien exécutés, et représentant des sujets historiques singulièrement remarquables. D'un côté l'on voit une bataille ; le vainqueur, dans un char traîné par deux coursiers fougueux, poursuit les ennemis, fuyant vers une contrée riche en arbres chargés de fruits ; des singes jouent parmi les branches. Derrière lui sont deux autres chars en pleine course, de la même forme, mais plus petits ; ils portent chacun une femme qui se tient debout. Dans un autre cadre, sur le même mur, est représentée une marche triomphale passant devant Osiris assis ; le cortége s'ouvre par des hommes nus, portant sur leurs épaules de gros blocs de bois précieux, et conduisant, l'un une chèvre des montagnes, l'autre des autruches, des gazelles, des singes, des buffles, des girafes ; enfin viennent deux prisonniers, ayant des peaux de bêtes féroces autour du corps. Un troisième cadre représente un gros lion avec son gardien, un grand bouc à cornes longues, étroites, et une paire de bœufs. Près de ces deux cadres et devant le roi, sont des tas d'arcs et de flèches, de dents d'éléphants, de peaux d'animaux sauvages, et une rangée de calebasses. Sur le mur en face, on remarque, parmi les prisonniers, une troupe de femmes vêtues de longues robes, avec une haute coiffure recourbée en haut, au-dessus de laquelle le capuchon est jeté.

C'est un monument unique en Égypte; le triomphateur, quel qu'il soit, a porté ses armes dans un pays habité par des animaux dont on ne voit aucun en Nubie et dans le Dongola. Tous ces trophées indiquent donc que la victoire dut avoir été remportée dans des régions situées au sud de l'ancienne Meroë.

Ce temple fut la dernière ruine importante visitée par Burckhardt, qui arriva le 9 août à Esné, satisfait de cette première excursion en Nubie. Mais avant de le suivre dans le reste de son voyage, nous allons jeter un coup d'œil sur la Nubie propre et sur ses habitants.

La population de toute la contrée soumise aux kachefs, ou gouverneurs héréditaires, peut être évaluée à cent mille individus, disséminés sur une lisière de terre cultivable, qui a quatre cent cinquante milles de long et généralement un quart de mille de large. Cette lisière ne forme pas une vallée continue, c'est plus généralement une suite de petites vallées latérales qui viennent aboutir au Nil, et qui sont séparées par des collines de sable ou par des bancs de rochers. Dans un terrain semblable, il est naturel de trouver beaucoup d'îles : le cours du Nil, en Nubie, en est rempli. Le fleuve n'a nulle part, dans ce pays, une largeur comparable à celle qu'il offre déjà dans la haute Égypte ; ses prétendues cataractes ne sont que ce qu'on appelle dans l'Amérique septentrionale des *rupides ;* le fleuve glisse avec bruit sur les pentes des rochers qui coupent son lit ; nulle part il n'y a une chute perpendiculaire, une véritable cataracte.

Les terres de Nubie sont en général trop élevées pour être fertilisées par les inondations du Nil ; elles sont arrosées au moyen des *sakics,* ou roues, pour élever l'eau ; le premier arrosement se fait immédiatement après la baisse du fleuve ; on sème alors du dourra, qui est récolté aux mois de décembre et de janvier. A cette époque un nouvel arrosement prépare les terres pour être ensemencées en orge ; si la récolte d'orge est faite de bonne heure, c'est-à-dire aux mois de mars et d'avril, on sème encore dans les terres les plus fertiles du dourra, qu'on récolte au mois de juillet. On cultive encore diverses espèces de fèves, de pois, et des melons d'eau, ainsi que le dokkan, mais le froment est très-rare. Le tabac, qui fait les délices de toutes les classes, est aussi un objet universel de culture.

Le dattier et le palmier thébaïque sont les arbres communs. L'arbuste qui produit le séné croît spontanément dans les places inondées, et le tamarinier dans les collines sablonneuses; il y a également d'autres arbustes, dont les fruits servent à différents usages.

Les troupeaux des Nubiens consistent en vaches, moutons et chèvres; les riches seuls ont des ânes; les chameaux ne sont connus que des marchands. Les animaux sauvages sont les gazelles, les hyènes, les bouquetins, une espèce d'aigle, les perdrix à jambes rouges, les oies sauvages d'une très-grande espèce; mais on ne voit aucun oiseau ressemblant à l'ibis.

Les hommes sont généralement bien faits, forts et musculeux, un peu au-dessous des Égyptiens par la taille, n'ayant que peu de barbe et point de moustaches, mais seulement un peu de poil sous le menton; ils sont doués d'une physionomie agréable, et ils surpassent les Égyptiens tant en courage qu'en intelligence. Curieux et questionneurs, ils sont étrangers à l'habitude du vol. Les femmes partagent les mêmes avantages physiques : toutes sont bien faites, la douceur est peinte dans leurs traits, et elles y joignent un grand sentiment de pudeur.

Les Nubiens achètent leurs femmes des parents de celles-ci; le prix ordinaire est de douze *mahboubs*, ou trente-six piastres turques. Une Arabe ababdé vaut six chameaux; il est vrai que le père en rend à sa fille trois, qui deviennent une propriété commune entre elle et son mari; si un divorce a lieu, la moitié de la valeur de ces trois chameaux reste au mari.

La nourriture ordinaire des Nubiens consiste en lait, en soupe d'orge ou de fèves, et en pain de dourra mal pétri et mal cuit. Les riches eux mêmes ne mangent pas tous les jours de la viande. Leur boisson ordinaire est le bouza, espèce de bière extraite du dourra ou de l'orge ; elle est d'une couleur jaune sale, mais nourrissante et enivrante. On fait aussi du vin de palmier ou de dattes, en cuisant ces fruits et en faisant fermenter leur jus ; quoique agréable, ce vin est trop épais et trop sucré pour être bu en quantité. L'esprit de dattes est fabriqué dans toute la haute Égypte ; on en fait un grand usage à Derr, et les habitants riches se couchent ordinairement ivres. Le miel ne sert qu'à faire une espèce de gelée.

Les Nubiens vont rarement sans armes ; le premier soin d'un jeune garçon est de se procurer un couteau à lame crochue ; on le porte attaché au bras gauche, et l'on s'en donne des coups à la moindre occasion. Les lances des Nubiens ont cinq pieds de long ; parmi les boucliers, il en est qui ressemblent à ceux des Macédoniens. Ces boucliers sont de cuir d'hippopotame, et résistent à un coup de lance ou de sabre. Il n'y a que les riches qui aient des sabres, ou plutôt des glaives semblables à ceux des anciens Grecs. Les armes à feu sont rares, et le peu de fusils qu'on y trouve sont des fusils à mèche. Hassan-Kachef n'avait pas seulement une paire de pistolets ; Burckhardt lui offrit les siens, mais il ne les trouva pas assez grands pour un kachef. Les munitions sont si rares dans ce pays, que le neveu d'un kachef courut après notre voyageur pendant l'espace de deux milles pour le supplier de lui donner une seule cartouche. Il n'est pas inutile de faire observer que Burckhardt écrivit ceci en 1813, et que, depuis, les expéditions d'Ibrahim-Pacha ont changé la face de ce pays.

Les maisons, en Nubie, sont généralement construites en pierre sans ciment ou en boue sèche; on couvre ces dernières d'un tas de paille de dourra, et, lorsque les bestiaux ont fini de le manger, on le remplace par des feuilles de palmier.

On trouve en Nubie un usage très-hospitalier, c'est de placer dans chaque village, sur la route publique, un grand vase rempli de bonne eau, couvert d'une feuille de palmier pour la tenir fraîche. Le voyageur peut s'y désaltérer à son gré.

Une chemise de coton, bleue et blanche, est l'habillement ordinaire au nord du Déir; mais au sud tout le monde va nu, à l'exception d'une petite ceinture que portent les hommes. Les jeunes gens ont un anneau d'argent ou de cuivre à l'oreille droite; les hommes de toutes classes n'ôtent jamais une espèce de rosaire suspendu autour de leur cou, ni certaines amulettes rangées autour de leurs bras, et consistant en formules mystiques et prières que les fakihs ou saints mendiants leur vendent.

Les Nubiens ont de petits métiers à tisser, sur

lesquels les femmes font de grossiers manteaux de laine et de la toile de coton pour chemise. Elles fabriquent aussi avec des feuilles de palmier des nattes, des gamelles, des jattes et des assiettes; leur ouvrage est si proprement fait, qu'on le supposerait façonné avec des outils.

§ II. Voyage à travers le désert de Nubie.

Burckhardt, s'étant fait passer pour un marchand peu riche, se joignit à une caravane de fellahs, ou paysans égyptiens, allant dans le Sennaar acheter des esclaves, et qui partit en mars 1814. Pour mieux établir sa réputation de pauvreté, il renvoya son domestique, vendit son chameau, et se contenta d'un seul âne; l'acquéreur du chameau devait transporter son bagage.

Voici les vêtements, les provisions et les autres objets dont notre voyageur était muni : une jaquette de laine brune, une chemise et un pantalon de toile grossière, un bonnet de laine blanche, enveloppé d'un mouchoir en forme de turban, et une paire de sandales, deux journaux blancs, une boussole, un canif, des plumes, un encrier, quelques feuilles de papier pour écrire, des amulettes, un Coran de poche, un tapis grossier, un morceau de gros drap de Barbarie pour servir de couverture pendant la nuit, une hache, quelques outres à eau, une forte aiguille à coudre, des cordes, du fil, des ustensiles de cuisine, quarante livres de farine, vingt de biscuit, quinze de dattes, dix de lentilles, six de beurre, cinq de sel, trois de riz, deux de café, quatre de tabac, une de poivre, des oignons, et quatre-vingts livres de dourra pour l'âne.

Les armes du voyageur étaient un fusil avec trois douzaines de cartouches, un pistolet et un *nabbout*, c'est-à-dire un bâton à l'égyptienne garni de fer aux deux bouts, et pouvant servir tour à tour comme arme et comme marteau. Ses marchandises consistaient en vingt livres de sucre, quinze de savon, deux de noix muscades, douze rasoirs, douze briquets en acier, deux bonnets rouges et quelques douzaines de chapelets en bois, qui, dans les pays du midi de l'Égypte, servent en guise de monnaie.

L'équipage des autres marchands n'était pas beaucoup plus brillant; quelques-uns des plus riches emportaient des viandes sèches, du miel, du fromage; plusieurs emmenaient des chameaux femelles qui venaient de mettre bas, et dont le lait leur fournit pendant le voyage une boisson agréable.

Darao, lieu d'où partit la caravane, est un village habité moitié par des fellahs et moitié par des ababdés. Ces Arabes ont, depuis un temps immémorial, le privilége d'escorter les caravanes à travers le désert de Nubie. Lorsqu'on fut sur le point de se mettre en marche, les femmes des ababdés vinrent placer auprès des chameaux de leurs maris des réchauds pleins de charbons ardents; elles y jetèrent quelques poignées de sel, et lorsque la flamme bleuâtre, produite par la combustion du sel, s'élevait dans les airs, elles s'écrièrent : « Soyez bénis en allant! soyez bénis en revenant! » Cette cérémonie est censée détruire la puissance des mauvais esprits qui, suivant le préjugé de ces peuples, habitent les déserts de l'Afrique.

Un des fellahs les plus riches avait tiré beaucoup de présents de Burckhardt, en lui annonçant qu'il l'accompagnerait pendant le voyage; tout à coup il lui dit qu'il resterait, mais que son frère et son fils feraient partie de la caravane. Il appelle son fils et lui dit : « Ce voyageur est votre frère; » puis ouvrant la veste de son fils et plaçant sa main sur son cœur, il ajouta : « Qu'il soit toujours placé là! » « Ces formules de recommandation ont quelque sens parmi les Arabes; mais elles ne signifient rien parmi les vils Égyptiens, dit Burckhardt, et malheureusement j'en fis l'épreuve; les fellahs ne cessèrent de me vexer et de comploter pour me voler; mon frère fut un de mes plus cruels ennemis. » La malveillance des marchands ne venait pas de soupçons sur l'origine européenne de leur compagnon; ils étaient persuadés que c'était un Turc de Syrie, et que son but était de s'emparer d'une part du commerce d'esclaves dont ils voulaient conserver le monopole.

L'eau est censée commune entre tous les membres d'une caravane; mais la seule application de cette maxime arabe, c'est que le plus fort dépouille le plus faible en cas de besoin. Le pauvre attend le dernier pour remplir ses outres, et, si la source n'est pas abondante, il ne lui reste que de la boue liquide; tel était souvent le lot de notre voyageur. D'autres fois on lui volait ses outres, ou, quand il avait choisi une place ombragée pour se reposer pendant la chaleur, on l'en chassait avec violence et on le forçait à rester au soleil.

A un défilé, les ababdés se virent tout à coup attaqués par une tribu qui leur demandait un droit de passage. Une pluie de pierres annonce le combat. Bientôt les sabres et les lances brillent, les boucliers retentissent sous les coups qu'on se porte de part et d'autre; les Égyptiens tremblent, tout en vantant leur courage; Burckhardt, le seul qui eût une arme à feu, se préparait à ajuster un coup de fusil au chef de la tribu ennemie, lorsqu'un ababdé de la caravane lui cria : « Au nom de Dieu, ne tirez pas! nous espérons qu'il n'y aura pas de sang entre nous. » En effet, après une escarmouche de vingt minutes, il n'y avait que deux hommes très-légèrement blessés; sur l'instance des chefs, la paix fut faite, et les assaillants se retirèrent sans avoir obtenu de contribution.

Nous ne suivrons pas la caravane de station en station; les noms des puits, des collines et des vallées désertes n'offrent aucun intérêt; mais nous

9*

devons faire connaître les principaux traits physiques de ce désert dont Bruce a exagéré la nudité et les dangers. Les déserts de la Syrie présentent des plaines immenses d'une monotonie fatigante; ceux de Nubie offrent toute la variété d'un pays couvert de rochers et sillonné de ravins. Les vues pittoresques ne sont pas rares. Om-el-Hebal est une vallée étroite, longue de trois heures de marche, et qui serpente continuellement entre des rochers de deux à trois cents pieds de haut, coupés à pic, et composés d'un granit noir et brillant; des bosquets d'acacias les ombragent d'un feuillage sombre et luisant comme les rochers mêmes. Tout à coup à Damhil, une large ouverture se présente parmi les rochers; et, au milieu des masses de granit, un vaste réservoir toujours rempli d'eau de pluie douce et limpide appelle les voyageurs et les chameaux. D'autres stations sont riches en pâturages, quelques-unes sont couvertes d'acacias ainsi que d'autres arbustes. Mais la verdure élégante des acacias ne met pas le voyageur à l'abri des rayons du soleil. A Schiggre, à moitié chemin du désert, se trouve une des meilleures sources au milieu des montagnes. Mais ici cesse tout ce que le désert offre d'un peu consolant : plus de variété dans le sol; la plaine sablonneuse ne présente plus aucune route tracée, l'œil seul d'un Bédouin peut y deviner un chemin. L'extrême sécheresse de l'air favorise l'illusion d'optique connue sous le nom de mirage.

Un jour, les voyageurs se virent environnés d'une douzaine de ces lacs factices ou aériens, qui n'avaient pas, comme en Égypte, une teinte grisâtre, mais une couleur d'azur brillant, et qui reflétaient nettement les ombres projetées par les montagnes. La cruelle illusion était complète.

En partant de Schiggre, la caravane fut effrayée par la nouvelle que d'autres voyageurs lui donnèrent en passant, que les sources de Nedjeym étaient à sec; on envoya en avant un détachement d'hommes chargés de creuser le sable pour faire reparaître l'eau s'il était possible; quand la caravane arriva, elle aperçut ses envoyés tristement assis autour des sources, la tête penchée, et ne montrant dans leurs mains qu'un peu de sable mouillé. La caravane continua sa marche; quelques individus seulement, plus patients que les autres, restèrent en arrière, et obtinrent, à force de creuser, un peu d'eau. Jusqu'ici on avait eu des vents du nord qui avaient un peu rafraîchi les voyageurs; à présent, le vent du sud augmentait la chaleur accablante du jour, et les nuits n'en étaient pas moins fraîches. Les provisions d'eau commençaient à manquer, les ânes mouraient en grand nombre, les chameaux étaient affaiblis; si l'on n'avait pas d'eau le lendemain, les bestiaux périssaient, et les hommes, marchant à pied dans un désert brûlant, étaient également exposés à une mort presque inévitable. C'est dans cet état qu'on arriva le lendemain à Abou-Selam,

On sut qu'on n'était plus qu'à six heures de marche du Nil, mais les bords du fleuve étaient occupés par une tribu d'Arabes ennemis. Le chef des ababdés prit le seul parti qui restât : c'était d'envoyer un détachement, monté sur les chameaux les plus vigoureux pour aller remplir quelques outres d'eau du Nil, au risque d'être découverts par l'ennemi qui n'aurait pas manqué, en suivant la trace des chameaux, de venir fondre sur la caravane, fatiguée, languissante et hors d'état de se défendre. Leur seul espoir était d'atteindre, pendant la nuit, un point du fleuve non gardé. Les voyageurs attendaient avec anxiété le résultat de cette expédition; enfin, à trois heures du matin, les cris joyeux des chercheurs d'eau se font entendre; bientôt ils entrent au camp, et tout le monde se précipitant autour d'eux se ranime en buvant à grands traits une eau douce et fraîche. Le lendemain on marcha sur Ankheyre, village principal de Berbers, situé sur le Nil; en approchant du fleuve, on sentit une plus grande humidité se répandre dans l'air, et les Arabes s'écrièrent : « Dieu soit loué! nous sentons le Nil. » On avait mis vingt-deux jours à traverser le désert.

Cette route est la seule que l'on suive habituellement : à cette occasion, Burckhardt rapporte l'anecdote suivante : « Une caravane partit de Berber, et sachant qu'une bande de brigands guettait les voyageurs aux sources de Nedjeym, essaya de prendre une route bien plus rapprochée de la mer Rouge. Elle était composée de cinq marchands et de trente esclaves. Le guide, connaissant peu la route, se perdit; on marcha cinq jours dans les montagnes sans trouver de l'eau; ne sachant plus où on était, et ayant épuisé toutes les provisions, on résolut de prendre la direction du soleil couchant, espérant arriver au Nil. Après avoir marché deux jours sans boire, un marchand et quinze esclaves moururent; un autre marchand, persuadé que les chameaux sauraient mieux que les hommes trouver de l'eau, se fit lier à la selle de son meilleur chameau (il en avait dix); il partit ensuite en s'abandonnant à la direction de ces animaux, et l'on n'a plus entendu parler de lui. Le lendemain, huitième jour du départ du dernier puits, les autres arrivèrent à la vue du mont Schiggre, mais l'extrême épuisement ne leur permit pas d'y atteindre. S'étant couchés à l'ombre d'un rocher, ils envoyèrent deux de leurs esclaves, montés sur les deux seuls chameaux qui conservaient encore quelque force, pour chercher de l'eau à la source; mais avant d'avoir atteint la montagne, l'un d'eux tomba privé de l'usage de la parole, et put seulement faire signe à son camarade de l'abandonner; l'autre continua sa route, mais, par un effet de la soif extrême qu'il éprouvait, ses yeux furent comme couverts d'un nuage, et il s'égara, quoique la route lui fût familière. Après avoir longtemps erré au hasard, il mit pied à terre à l'ombre d'un arbre, auquel il attacha son chameau; l'animal ayant un peu après flairé l'eau, détacha son licou et partit au galop dans la direction que son instinct lui indiquait. L'homme, comprenant parfaitement l'action du chameau, essaya de se traîner sur ses traces; mais, à quelques pas de là, il tomba sans connaissance, et il allait rendre le dernier soupir, lorsque la Providence y conduisit un Arabe d'un campement voisin : celui-ci, lui jetant un peu d'eau au visage, le rendit à la vie; ils coururent ensuite à la source, remplirent les outres, et étant retournés vers la caravane, eurent le bonheur de trouver encore en vie les hommes qui la composaient. »

Mais de semblables malheurs ne peuvent arriver dans le désert de Nubie, que lorsqu'on s'écarte de la bonne route: le seul danger sur cette route est de trouver le puits de Nedjeym à sec. Aussi Burckhardt ne conçoit-il pas comment Bruce, dont il admire au reste le courage et dont il atteste la véracité, a pu rencontrer ici toutes les souffrances dont il a fait la peinture dans sa relation, que nous avons reproduite précédemment.

Burckhardt, fatigué de ce long et pénible voyage, s'estima heureux de trouver un peuple qui paraissait être civilisé; mais il fut cruellement trompé, si l'on en juge par le portrait qu'il nous donne des habitants du Berber appelés par lui Meyrafabs.

« Les Meyrafabs, dit-il, sont d'une très-belle race, leur couleur naturelle est d'un rouge-brun foncé. Les hommes, un peu plus grands que les Égyptiens, ont les membres plus forts et sont aussi plus robustes; leurs traits et ceux des nègres diffèrent en tout point : leur visage est généralement ovale; le nez à la grecque, et les os des joues n'ont point de saillie. La lèvre supérieure est un peu plus épaisse qu'elle ne doit l'être, d'après nos idées de beauté, mais il s'en faut qu'elle ressemble à celle du nègre. Celui-ci a le pied et la jambe très-mal faits; chez les Meyrafabs ces parties ne laissent rien à désirer. Ils ont une petite barbe au bas du menton, pas de poils sur les joues, et des moustaches peu fournies qu'ils coupent très-courtes. Leurs cheveux, forts, épais et crépus, mais non laineux, forment, lorsqu'ils sont courts, des boucles naturelles, et de larges touffes quand on les laisse croître. Nous sommes Arabes et non pas nègres, disent les habitants du Berber : aussi ils ont le plus grand soin de maintenir la pureté de leur espèce. »

Le pays des Berbers n'a que six à huit heures de marche du fleuve, et ne comprend que quatre villages, qui sont tous à une demi-heure de marche du Nil, dans le désert de sable sur les confins du pays cultivé. Les maisons, séparées par d'assez grands enclos, sont bâties en terre, ou en briques cuites au soleil. Chaque habitation forme une grande enceinte divisée en intérieure et extérieure; autour de celle-ci sont les logements, tous au rez-de-chaussée; il n'y a jamais que ce seul étage. La famille habite ordinairement deux pièces; une troisième sert de magasin, et une quatrième est réservée aux étrangers. La cour extérieure contient le plus souvent un puits d'eau saumâtre qui n'est bonne que pour les bestiaux. En été, les hommes de la maison et les étrangers y dorment sur des nattes étendues par terre ou sur des sophas faits d'un châssis de bois à quatre pieds, appelés *angareygs* lorsqu'ils sont recouverts d'un tissu de lanières en cuir de bœuf, et *serirs* quand le siége est de roseau.

« Le caractère moral de ce peuple offre un composé de tout ce qui dégrade la nature humaine ; mais la cupidité et la perfidie dominent sur ses autres penchants. Dès qu'il s'agit d'intérêt, le Meyrafab ne connaît plus de frein, oublie les lois divines et humaines, rompt les liens et les engagements les plus solennels. Dans les transactions, tout point litigieux se règle d'après la loi du plus fort. Rien de ce qui est une fois sorti des mains du légitime propriétaire n'y rentre, s'il a le malheur d'être faible. L'autorité du mek est bravée par les riches, dont l'influence rivalise avec la sienne et souvent en triomphe.

« Les marchands étrangers en général sont regardés, suivant l'expression arabe, comme de friands morceaux où chacun mord, et dont il emporte le plus qu'il peut. Pour moi j'affirme n'avoir jamais vu un aussi mauvais peuple. Il me parut d'abord très-hospitalier; on nous adressait de différentes maisons, matin et soir, plus de pain, de viande et de lait qu'il n'en fallait pour notre consommation; mais au bout de quelques jours, ceux qui avaient fait les envois vinrent solliciter des présents comme gage d'amitié. Nous comprîmes qu'on s'attendait au payement des provisions que nous avions reçues, et nous fûmes contraints d'en donner dix fois la valeur. Nous étions même sans cesse obsédés de gens qui nous demandaient des présents. Mes compagnons, par bonheur, étaient de vieux trafiquants qui savaient bien quand un refus de leur part serait imprudent ou périlleux; ils ne donnaient pas la moindre chose hors du cas de nécessité, et je suivis leur exemple.

« Ce qu'il y a de plus dur, de plus insupportable en Berber pour un voyageur, c'est l'insolence des esclaves. Étant considérés comme membres de la famille, ils se donnent de plus grands airs que leurs maîtres, qui n'osent ni les punir, ni même les réprimander fortement, de crainte qu'ils ne désertent. Un des esclaves de la maison où je demeurais me déchira ma chemise parce que je ne voulais pas la lui donner, et lorsque je m'en plaignis à mon hôte, celui-ci tâcha de me tranquilliser en m'assurant que son esclave n'avait pas eu l'intention de me manquer. Les esclaves adultes sont toujours armés; ils se croient les égaux de tout Arabe, et ils se sentent uniquement humiliés par l'idée de ne pouvoir épouser une fille arabe. L'insolence des esclaves se manifeste dans la manière qu'ils emploient pour fumer gratis. Quand ils voient un étranger ayant la pipe à la bouche, ils la lui enlèvent sans dire un mot, et refusent de la rendre avant de l'avoir finie.

« Avec tous leurs défauts, les Berbers ont l'humeur très-gaie et plaisante : jeunes comme vieux, ils badinent, rient et chantent sans cesse. Ils savent en même temps être très-polis, lorsqu'ils le jugent nécessaire. En recevant les étrangers et en leur offrant l'hospitalité, ils ont un air de bonhomie, de cordialité, de simplicité patriarcale, fait pour tromper l'homme le plus méfiant qui ne les connaîtrait pas. Leur langage abonde en phrases obligeantes, et ils ont dix manières différentes de demander comment on se porte. Après une longue absence, ils s'embrassent et se secouent vivement les mains. La question la plus ordinaire qu'ils s'adressent en se saluant est *chédid* (êtes-vous fort ?). Souvent aussi ils demandent : « Votre plante du pied est-elle bonne ? » Les femmes sont saluées d'une manière très-respectueuse : on leur touche le front de la main droite, et on baise ensuite la partie des doigts qui a été mise en contact avec la tête de la femme.

« Les femmes même du premier rang ne portent pas de voile. La coutume de se noircir les paupières avec du *kokel* ou antimoine est moins générale en Berber qu'en Égypte. Les femmes des hautes classes portent, par-dessus leur robe, un manteau blanc, doublé de rouge. Les deux sexes ont l'habitude presque journalière de s'enduire le corps de beurre frais; ils prétendent que le beurre rafraîchit, prévient les maladies cutanées, et donne à la peau plus de douceur ; les hommes ajoutent qu'elle devient par ces frictions plus coriace, plus ferme, et par conséquent moins pénétrable au couteau. Pour ma part, j'avoue que j'ai éprouvé un grand soulagement à m'être frotté de beurre la poitrine, les bras, les jambes et les pieds quand je me sentais fatigué.

« Les Meyrafabs sont en partie pâtres, en partie cultivateurs ; après l'inondation, ils ensemencent de dourra et d'orge tout le terrain qui avait été submergé. Ils ne cultivent aucune sorte de fruits et pas d'autres légumes que des oignons et des haricots. Après la saison des pluies, ils font paître leurs troupeaux dans les montagnes, entre le Nil et la mer Rouge. »

§ III. Séjour à Damer et à Chendy.

Lorsque les marchands eurent terminé leurs affaires, la caravane partit de Berber le 17 avril ; elle était réduite aux deux tiers de son monde. Les marchands de Daraou, sous la protection desquels marchait notre voyageur, étaient convaincus que sa société ne leur serait d'aucun profit, attendu son obstination à se battre pour chaque poignée de dourra qu'on essayait de lui enlever, et sa vigilance contre les efforts qu'ils faisaient pour le tromper ; ils résolurent donc de l'abandonner entièrement à sa destinée. Voici comment ils lui signifièrent cette détermination :

« Nous avions fait halte auprès d'un étang, en avant de Berber. Au moment de partir, les marchands me dirent d'un ton méprisant de m'éloigner d'eux, et de ne plus les approcher désormais. Les jeunes gens accompagnaient ce singulier ordre d'un cri semblable à celui que l'on fait en chassant les chiens ; et, frappant mon âne du manche de leurs lances, ils le poussaient dans le désert. Heureusement, je m'étais maintenu en bonne intelligence avec nos guides, les ababdés, qui, tout méchants qu'ils étaient, valaient mieux que les gens de Daraou. Je leur demandai alors s'ils m'abandonneraient à la merci des brigands meyrafabs, ou s'ils m'admettraient dans leur société ; ils me reçurent parmi eux, et ma situation se trouva sensiblement améliorée. » Le 10, la caravane arriva à Damer, après s'être arrêtée à Ras-el-Ouady, principal village des domaines d'un *mek* qui retint les voyageurs du matin au soir sans leur envoyer de vivres ; pendant ce temps on négociait sur la rançon à payer. Les voyageurs, malgré leur faim, n'osaient toucher à leurs propres provisions, étant regardés comme les hôtes du *mek* qui devait les défrayer. Il accepta à la longue les offrandes en argent et en marchandises ; mais son fils vint en vain demander, en son nom particulier, quelques présents à la caravane. Le lendemain, le *mek* se montra sans autre vêtement qu'une espèce de serviette autour des reins, accompagné de six ou huit esclaves, dont l'un portait sa bouteille d'eau, l'autre son épée, un troisième son bouclier. Ayant aperçu un bel âne, il enjoignit à son fils de le monter, et, malgré la résistance du propriétaire, l'animal fut conduit au trot à l'écurie du *mek*. Cet âne était celui qui avait porté Burckhardt à travers le désert de Nubie. Instruit que les *meks* aiment à enlever les beaux ânes, il l'avait vendu à un autre membre de la caravane qui se réjouissait de l'avoir trompé sur le prix, mais qui se trouva dupe de ce bon marché.

Le territoire de Ras-el-Ouady se termine au fleuve Mogren, le Mareb de Bruce. Le lit de cette rivière, large d'un mille anglais, était à sec; on n'y voyait que par-ci, par-là quelques mares d'eau stagnante. Il paraît que, lorsque les pluies des montagnes voisines de la mer Rouge ont rempli ce vaste lit, l'eau monte à une élévation de vingt pieds; mais comme le rivage est beaucoup plus élevé, ce fleuve n'inonde aucune partie de terrain en cet endroit.

Damer, situé au bord oriental du Nil, un peu au sud du confluent du Mogren, est un grand et joli bourg d'environ cinq cents maisons, qui forme un petit État indépendant, respecté et même redouté des peuplades voisines. Il doit cet avantage à la grande idée qu'on se fait de la puissance magique des chefs.

La nécromancie est réputée héréditaire dans la famille du chef du gouvernement, qui exerce une grande influence, non-seulement sur ses propres sujets, mais encore sur tous les pays circonvoisins. Marchant sans armes, les religieux de Damer conduisent les caravanes à travers des hordes de brigands qui viennent avec respect leur baiser la main.

« Damer, dit Burckhardt, est plus propre et mieux tenu que Berber; on y voit beaucoup de bâtiments neufs, et nulle part des ruines; les maisons, construites sur un plan uniforme, donnent aux rues une régularité dont l'agrément est doublé, sur quelques points, par la verdure des arbres et par l'ombrage qu'ils offrent. Les membres de la tribu Medja-Ydin sont pour la plupart des fakihs ou hommes consacrés à la religion. On les appelle *fakih*, au pluriel *fokaha* (hommes versés dans la loi) ou *fakir*, au pluriel *fokara* (hommes pauvres devant Dieu), ou bien on leur donne le titre de cheik. Le grand fakih, leur chef, prononce dans leurs contestations. C'est à lui qu'on s'adresse dans tous les cas de vol, et comme sa prétendue science universelle inspire une grande terreur, il lui est facile d'opérer des prodiges. La crainte de son pouvoir maintient le meilleur ordre dans la ville; partout on est en sûreté et logé à bon compte. De plus, il n'exige aucun tribut des caravanes et se contente de leurs offrandes volontaires. Aussi les caravanes s'arrêtent avec plaisir à Damer, et, par le commerce qu'elles y font, animent et enrichissent cette ville. D'autres fakihs, d'un rang inférieur, jouissent d'un crédit proportionné à leur savoir et à la régularité de leur vie. La ville entière a sous ce double rapport une grande réputation; elle possède plusieurs écoles où les jeunes gens du Dar-Four, de Sennaar, de Kordofan et d'autres parties du Soudan viennent acquérir des lumières suffisantes pour les mettre à même de figurer comme grands fakihs dans leurs pays respectifs. Les professeurs de Damer enseignent la vraie manière de lire le Coran, et expliquent les commentaires. Ils ont une mosquée spacieuse, bien bâtie et bien voûtée en briques, mais sans minarets, et dont le pavé est couvert de sable fin. C'est l'endroit le plus frais de Damer, et les étrangers y vont goûter quelques heures de sommeil après les prières du milieu du jour. Autour d'une place attenante à la mosquée sont les classes des écoles. Les principaux fakihs vivent avec une grande ostentation de sainteté, et leur chef mène la vie d'un ermite; il occupe un petit bâtiment situé au milieu d'une place et partagé en deux; d'un côté est une chapelle, et de l'autre une cellule d'environ dix pieds carrés, où il se tient presque continuellement sans suite, loin de sa famille, et occupé de la lecture des livres religieux. Ses deux repas se composent de ce que ses amis lui envoient. Vers trois heures de l'après-midi, il quitte sa cellule, et vient s'asseoir sur un grand banc de pierre qui est en face. Là, toute la confrérie des fakihs se range autour de lui, et les affaires publiques se traitent jusque longtemps après le coucher du soleil. J'allai une fois lui baiser les mains, et je le trouvai enveloppé de la tête aux pieds d'un grand manteau blanc. Sa figure me parut vénérable; il me demanda d'où je venais, dans quelle école j'avais appris à lire, quels livres j'avais lus, et se montra satisfait de mes réponses.

« Les fakihs, malgré leur austérité, ne sont pas ennemis des réunions sociales. Une après-midi, je fus abordé par un fakih, qui me demanda si je savais lire; et, sur ma réponse affirmative, me dit de l'accompagner dans un lieu où je ferais un bon dîner; j'y consentis, et il me conduisit dans une maison où je trouvai un grand nombre de personnes réunies pour honorer la mémoire d'un parent mort depuis peu. Quelques fakihs lisaient le Coran à voix basse, et cette lecture continua jusqu'à l'arrivée d'un fakih supérieur, qui fut comme un signal pour chanter les versets de ce livre, ainsi que cela se pratique dans l'Orient. Je me joignis à ces chants, qui durèrent environ une demi-heure, après quoi le dîner fut servi. La chère était copieuse, une vache ayant été tuée à cette occasion. Quand nous eûmes bien mangé, nous reprîmes nos lectures. Un des fakihs apporta un panier plein de cailloux blancs, sur lesquels furent récitées différentes prières. Ces cailloux devaient être semés sur la tombe du défunt, comme j'en avais vu sur plusieurs tombeaux récents. M'étant informé du motif de cette coutume, que je n'avais vu pratiquer en aucun pays de l'Orient, le fakih me répondit que c'était un acte méritoire, mais non une nécessité absolue; qu'on pensait que l'âme du défunt, lorsqu'elle viendrait visiter sa tombe, serait bien aise de trouver des cailloux pour s'en servir comme de grains de chapelet dans ses prières. Quand la lecture fut finie, les femmes se mirent à chanter et à jeter des cris qui ressemblaient à des hurlements. Je pensai alors à me retirer, et, comme je sortais, mon hôte généreux me mit, pour mon souper, quelques restes du dîner dans la main. »

La caravane quitta Damer le 15 avril, accompagnée de deux fakihs sans armes, qui devaient lui servir d'escorte jusqu'à la frontière de Chendy. La route est dangereuse et très-infestée de brigands, mais la vénération qu'inspirent partout les fakihs de Damer est telle, que leur aspect suffisait pour contenir les malintentionnés; ils venaient même souvent baiser les mains des fakihs, et se retiraient ensuite.

Les voyageurs entrèrent sur le territoire de Chendy et traversèrent une plaine remarquable par ses mines de sel, dont le produit forme l'objet d'un grand commerce. La terre, fortement imprégnée de sel dans une circonférence de plusieurs milles, est mise en tas le long de la route, ensuite bouillie dans de grandes chaudières de terre. Le sel, épuré par une seconde ébullition dans des vases plus petits, est réduit en gâteaux très-blancs, d'un pied de diamètre et de trois pouces d'épaisseur, qu'on met ensuite par douzaine dans des paniers, dont quatre forment la charge d'un chameau.

« Chendy (Schendy, Shendy, Chandi), qui, du temps de Bruce, n'était qu'une bourgade de deux cent cinquante maisons, est aujourd'hui la ville la plus commerçante et la plus considérable de cette partie de l'Afrique; elle contient de huit cents à mille maisons, qui, étant éparses sans ordre et éloignées les unes des autres, couvrent une grande surface. Le gouvernement étant plus doux et plus régulier, il en est résulté pour le commerce un degré de sécurité qui, joint à l'exemption de tous droits, a rendu la ville très-marchande. Les mœurs et les habitudes du peuple ressemblent beaucoup à celles des habitants du Berber.

« Il faut être bien sur ses gardes pour ne pas être volé ou trompé; les marchands ont si peu de confiance dans leur probité mutuelle, qu'ils ne se font jamais crédit. Les chants qui retentissent constamment dans les maisons ne sont accompagnés que des sons rauques d'une pipe faite de tuyaux de dourra et de la tamboura ou lire égyptienne; mais le *mek* fait battre tous les soirs la timbale (le *nogâra*) devant sa demeure; c'est une marque de sa grandeur. Il condescendait pourtant à jouer avec les esclaves et les gens du peuple à un jeu appelé *syredja*, et qui ressemble au jeu de dames. »

La chaleur parut plus supportable à Burckhardt

ici qu'au Caire, mais il se plaint de l'incommodité que lui causaient les rats; ces animaux se sont tellement multipliés et sont devenus si hardis, que l'on ne saurait dormir dans les maisons ni en plein air, sans être bientôt troublé par leur dégoûtante visite. Souvent étendu par terre, avec une simple chemise pour reposer à l'ombre, Burckhardt en sentait qui lui parcouraient le corps dans tous les sens, et le mordaient jusqu'à le réveiller.

Le sol est bien cultivé, quoique assez aride près de la ville; mais au nord et au sud, il y a de belles plaines fertiles. Outre le dourra, on y sème un peu de froment pour les riches. Les marchés sont toujours abondamment fournis d'oignons, de poivre rouge apporté du Kordofan, de pois chiches, etc. Pendant l'inondation, on sème aussi des melons d'eau et des concombres, mais uniquement pour le mek. Les animaux domestiques sont les mêmes qu'en Égypte. On voit des éléphants à Abou-Hérazé, à deux ou trois journées de Sennaar, au delà d'une chaîne de montagnes large de six à huit heures, qui touche la rivière et qu'ils n'ont jamais franchie; des panthères se rencontrent fréquemment à l'est de Chendy; la girafe se trouve dans les montagnes de Dender; les tribus arabes lui font la chasse principalement pour en avoir la peau, qui sert à faire les plus forts boucliers. Burckhardt a vu souvent apporter au marché des chèvres de montagnes de la plus grande taille et à longues cornes recourbées vers le milieu du dos. Elles sont prises dans des lacets, de même que les autruches, qui sont aussi très-communes dans le voisinage.

Les moyens ordinaires d'échange sont le dourra et le *dammour*, toile de coton fabriquée au Sennaar, mais les chameaux et les esclaves s'achètent communément avec des piastres d'Espagne; l'or ne passe que comme marchandise. Le grand marché se tient tous les vendredis et samedis sur une place découverte, entre les deux principaux quartiers de la ville; l'affluence du peuple y est prodigieuse. Outre divers objets de premier besoin et d'utilité, les denrées et les drogues, on y voit exposés en vente quatre à cinq cents chameaux, autant de vaches, une centaine d'ânes, et vingt à trente chevaux. Plusieurs produits de l'industrie européenne y sont apportés par la caravane du Sennaar, forte de trois à quatre cents hommes, qui part une fois l'année de la haute Égypte et revient l'année suivante. Mais, toutes les six ou huit semaines, une caravane arrive de Sennaar à Chendy.

Burckhardt s'est beaucoup étendu sur le grand commerce d'esclaves qui se fait à Chendy; nous allons nous borner aux points les plus saillants. Suivant lui, les marchands d'Égypte, de Souakim, du Sennaar et de Kordofan, forment au marché des bandes séparées, au milieu desquelles est un grand cercle d'esclaves mis en vente. Les esclaves du Sennaar sont ou Nubiens ou Abyssiniens; les derniers consistent principalement en femmes de la nation des Galla et en un petit nombre du pays d'Amhara, qui restent presque toutes dans le pays, où elles sont très-estimées. On recherche encore, comme bonnes cuisinières ou domestiques, celles qui ont déjà servi dans les maisons du Dongola. On fait en général beaucoup d'attention à l'origine des esclaves, une longue expérience ayant appris qu'il y a peu de différence dans le caractère parmi les individus de la même nation. Le nombre des esclaves qui se vendent annuellement au marché de Chendy est évalué par Burckhardt à cinq mille, dont deux mille cinq cents pour l'Arabie, mille cinq cents pour l'Égypte, et le reste pour Dongola et les Bédouins du voisinage; ils ont la plupart moins de quinze ans.

La traite de ces contrées ne paraît pas s'étendre au delà de Dar-Saley ou peut-être de Baghermé, à l'ouest et au nord-ouest du Dar-Four. Quoique des pays beaucoup plus éloignés entretiennent des relations avec le Dar-Four, ils restent néanmoins inaccessibles aux entreprises commerciales. Au delà de Bahr-el-Ghazel, vers les frontières de Bornou, commence le commerce du Fezzan ou de Zeila, comme on l'appelle souvent, qui s'étend bien avant dans l'ouest à travers le Soudan. Malgré toutes les informations qu'il a prises à cet égard (et ces sortes de questions peuvent se faire sans exciter des soupçons chez les marchands nègres) notre voyageur n'a jamais trouvé le moindre indice d'une communication régulière, par caravanes, entre le Soudan de l'est et le Soudan de l'ouest; il n'a jamais vu non plus aucun marchand qui fût venu d'un pays situé au delà de Baghermé. Ceux qui veulent faire du commerce dans cette direction vont joindre à Bornou la caravane du Fezzan. Le peu de Bornouans qui arrivent au Dar-Four, par la route directe à travers Baghermé, sont des pèlerins qui vivent d'aumônes; mais les esclaves du Bornou, que l'on reconnaît aisément à leur peau tatouée, ne sont amenés en Égypte que par la route du Fezzan.

§ IV. Voyage de Chendy à Souakim. — Navigation le long des côtes de Nubie.

« J'étais resté près de trois semaines à Chendy; l'inimitié des marchands égyptiens me faisait de jour en jour éprouver des inquiétudes plus grandes. Ces scélérats répandaient le bruit que j'avais obtenu par fraude le peu d'objets que je possédais, et qu'il serait de toute justice de m'en dépouiller; ils auraient pu finir par me traîner devant le *mek*, qui déjà, et sur leur instigation secrète, m'avait enlevé mon fusil. Je résolus de joindre la caravane de Souakim, afin de parcourir l'espace qui sépare cette ville de Chendy, et de faire ensuite le pèlerinage de la Mecque, persuadé que le titre d'hadji, ou pèlerin initié, me serait de la plus grande utilité pour le voyage que je projetais dans l'Afrique centrale. Mais je tins ce projet caché, et je fis accroire à tout le monde que je m'en retournais en Égypte avec les Ababdés; j'achetai avec le reste de mes fonds, un jeune esclave et un chameau.

« Les gens de Daraou changèrent alors de ton à mon égard ; leur chef, qui m'avait maltraité, m'accabla de politesses et de visites ; il m'envoyait souvent quelque bon plat ; en un mot ces coquins craignaient évidemment que, de retour en Égypte, je ne les fisse punir par Ibrahim-Bey; ils ignoraient cependant combien j'étais considéré de ce fils du pacha, et, par conséquent, combien j'aurais eu plus de moyens de me venger qu'ils ne m'en soupçonnaient.

« Deux jours avant le départ de la caravane de Souakim, je m'ouvris au chef des Ababdés, et, l'ayant flatté par un petit présent, j'obtins de lui de m'introduire auprès du chef de cette caravane. »

Ce fut le 17 mai que Burckhardt partit de Chendy. Les gens de Daraou essayèrent de lui faire un mauvais parti; un esclave bien-aimé du mek le guettait pour lui arracher un pistolet qui lui restait, mais les fidèles Ababdés l'avaient suivi et le protégeaient contre toute insulte. Il joignit la caravane, dont il trace une peinture intéressante.

« Elle se composait de deux cents chameaux chargés, vingt à trente dromadaires servant uniquement de monture aux marchands les plus riches; trente chevaux, conduits à la main par des esclaves, environ cent cinquante marchands et trois cents esclaves. Les charges consistaient en tabac et en *dammour*. La caravane était sous bonne conduite; le chef était un des principaux habitants de Souakim, allié par mariage aux principales tribus des Bicharyes et des Hadendoa, dont nous avions traversé le pays. Il y avait un petit parti d'étrangers, qui se composait de cinq marchands pèlerins nègres, appelés *Tekayrne*, avec dix chameaux et trente esclaves. Je joignis cette petite troupe, et, grâce à une conduite sévère et ferme, j'obtins de vivre en paix, car, pour de l'amitié, personne, même parmi les nègres, ne pense jamais à en montrer à un homme pauvre.

« Le principal personnage des Tekayrnes était un homme de Bornou, qui avait été à la Mecque, à Constantinople, au Caire, et qui portait le titre d'*hadji;* mais, quoique affectant les manières d'un dévot, et constamment occupé à la lecture du Coran, il était bon vivant, et même tant soit peu fripon; ses sacs étaient remplis de tout ce que le marché de Chendy avait pu fournir de plus délicat en vivres, ses dîners étaient les meilleurs de la caravane. L'année précédente, Hadji-Ali avait vendu sa propre cousine dans le marché d'esclaves de Médine, après l'avoir récemment épousée à la Mecque. Elle était venue en pèlerinage de Bornou, par la route de

Fezzan et du Caire; il la reconnut, et, conformément à la loi musulmane, réclama le droit d'être son époux; mais, peu de temps après, il éprouva un besoin d'argent, et il la mit en vente comme esclave. Cette infortunée, n'ayant personne dont elle pût invoquer le témoignage pour prouver sa condition libre, fut obligée de subir sa destinée et de suivre un marchand égyptien devenu son maître. Ce trait était connu dans la caravane; il n'empêchait pas l'hadji de jouir de la considération attachée à ce titre. Les hadjis forment un corps, et personne n'ose en attaquer un membre dans la crainte de se les mettre tous sur les bras. »

Le premier objet remarquable que présenta la route, fut la barrière d'Atbara, qui paraît conserver son nom jusqu'à l'endroit où elle est jointe par le Mogren; le nom de Mareb, donné par Bruce, est inconnu dans le pays. Les bords de ce fleuve, alors rempli d'eau, offraient l'aspect le plus agréable et un sol en apparence plus fertile que celui de la vallée du Nil en Égypte. Les branches croisées des grands arbres arrêtaient souvent les chameaux. Les fruits du palmier doum, suspendus en grappes, excitaient les désirs des esclaves. Une foule d'arbres fruitiers croissaient sans culture; une magnifique forêt de dattiers bordait la rivière. Partout des oiseaux inconnus étalaient leur plumage varié, et loin d'être privés du don de chanter, ils faisaient entendre des sons doux et variés, parmi lesquels dominaient le roucoulement des tourterelles. Le cœur de marbre des marchands d'esclaves même parut touché, et un d'eux, comparant ce tableau au désert qu'il venait de quitter, s'écria : « Après la mort, le paradis ! »

Le village d'Atbara renferme deux cents familles de Bicharyes, dans des cabanes bâties en pieux et recouvertes de nattes de feuilles de doum. Deux ou trois Angareygs occupent presque tout l'intérieur d'une semblable cabane; il ne reste plus d'espace pour se tenir debout, et cela n'est pas non plus nécessaire, puisque les Bicharyes passent leur journée étalés sur leurs grossiers sophas. Ceux de la tribu Hommadeh qui occupent Atbara se livrent tour à tour aux travaux agricoles et au soin des troupeaux : après l'inondation, ils sèment du dourra; ils en attendent la récolte, puis ils se retirent dans les montagnes désertes avec leurs bestiaux et leurs cabanes mobiles. Dès que les pâturages des montagnes sont desséchés, ils ramènent leurs troupeaux le long de la rivière.

Les habitants d'Atbara sont, comme tous les Bicharyes, une race aussi courageuse que bien faite, mais livrée à tous les vices qu'entraîne une liberté sauvage : ils sont cruels, avides, traîtres et avares. L'ivrognerie, les querelles qui s'ensuivent, les vols des bestiaux et de tout ce qui tombe sous leurs mains, les excursions pour piller les caravanes, les meurtres et les massacres, comptent parmi leurs occupations ; ils observent cependant entre eux certaine règle de justice et d'hospitalité.

La caravane se divisa en deux parties, l'une prit la route directe de Souakim, et l'autre, à laquelle se joignit Burckhardt, résolut de visiter la fertile contrée de Teka, en suivant le cours de l'Atbara. A Om-Daoud, les femmes élevèrent un cri d'horreur en apercevant la peau blanche de Burckhardt.

« Les peuples noirs, dit le voyageur, sont persuadés que la blancheur de la peau est l'effet d'une maladie et un symptôme de faiblesse ; les habitants de Chendy étaient plus accoutumés à voir, sinon des Européens, au moins des Arabes d'un teint brun-clair, et comme le mien était très hâlé par le soleil, j'y avais excité peu de surprise. Toutefois, les jours de marché j'entendais crier autour de moi : « Dieu nous préserve du diable ! » Un jour une fille de campagne, à laquelle j'avais acheté des oignons, me dit qu'elle m'en donnerait davantage, si je voulais me décoiffer et lui montrer ma tête ; j'en exigeai huit, qu'elle me livra sur-le-champ. Quand elle vit, mon turban ôté, une tête blanche et tout à fait rasée, elle recula d'horreur et exprima le plus grand dégoût. »

En marchant vers Goz-Radjeb, la caravane passa en ligne droite à travers une partie du désert, où l'on voit un très-beau mirage ; on rencontra beaucoup d'oiseaux ; les Bicharyes, qui ne paraissent pas en distinguer les espèces par des noms particuliers, regardent comme une infamie d'en manger.

Un peu avant Goz-Radjeb, notre voyageur éprouva le chagrin de voir, à une demi heure de marche, un grand édifice que ses compagnons lui dirent être une *kenise ;* ce mot signifie également église ou temple. Il courait le visiter pendant une halte ; mais un cri unanime lui défendit d'aller plus loin : « Tout est plein de brigands dans les environs! tu ne peux faire cent pas en avant sans être attaqué. » Il fallut retenir sa curiosité, quoiqu'elle fût vivement excitée. Les murs de l'édifice paraissent avoir de trente à quarante pieds de haut, il borde la rivière à trente mètres de distance.

Le village de Goz-Radjeb est habité par un mélange de toutes sortes de tribus, réunies pour faire le commerce, et n'offre rien de curieux. Enfin la caravane s'arrêta à Felik, grand camp des Hadendoa, dans le fameux pays de Taka, qu'on nomme aussi El-Gasch.

C'est une plaine longue de trois grandes journées de marche, et qui en a une en largeur. Régulièrement couverte d'eau par la crue d'une foule de petites rivières, à la fin du mois de juin et au commencement de juillet, elle doit au limon que les eaux laissent une fertilité étonnante. Le Taka fournit du dourra à tous les peuples voisins, et pourtant les habitants ne cultivent que très-mal une cinquième partie de leur sol.

Ces habitants sont d'abord, en venant du nord,

les Hadendoa, tribu des Bicharyes, qui, comme ceux des bords de l'Atbara, sont traîtres, vindicatifs et voleurs. Les hommes passent leur temps à fumer et à s'enivrer de bouza; les travaux sont abandonnés aux femmes et aux enfants. Les Hadendoa possèdent des villages aux bords du désert, qu'ils habitent pendant la saison pluvieuse; ils en ont d'autres dans les pays bas, placés sur des élévations qui forment comme des îles. Le lait de chameau et le dourra sont leur principale nourriture.

Un Hadendoa se fait rarement scrupule de tuer son compagnon de voyage, pour s'emparer de tout objet d'un peu de valeur que possède celui-ci, s'il croit commettre le crime impunément; mais une revanche terrible est prise par la famille du défunt, si elle vient à connaître le genre et l'auteur de la mort.

Les Hadendoa ont une coutume singulière : un jeune homme veut-il mettre à l'épreuve le courage d'un autre, il prend son couteau et se fait, en présence de témoins, des blessures aux bras, aux épaules et dans les côtes ; ensuite l'autre doit ou se donner des coups encore plus profonds, ou céder le prix de la bravoure.

Tout à fait à l'extrémité méridionale du pays de Taka, demeurent les Hallenga. Parmi eux, des coutumes horribles accompagnent la vengeance du sang. Lorsque les parents du mort ont saisi le meurtrier, on annonce une fête de famille au milieu de laquelle il est apporté, lié sur un engareyg; et tandis qu'on lui coupe lentement la gorge avec un rasoir, son sang est recueilli dans une jatte, et passe de main en main à chacun des convives, qui tous sont tenus d'en boire jusqu'au moment où la victime rend le dernier soupir.

Le pays de Taka nourrit beaucoup d'animaux sauvages; le lion, si l'on en croit les habitants, y atteint la grosseur d'une vache ; ceux dont on voyait les dépouilles suspendues chez les Hadendoa étaient d'une taille bien moindre; mais il paraît que ces peuples n'ont pas les moyens de se mesurer avec un lion vigoureux ; ils n'ont pour toute arme qu'un sabre et une lance, et sont souvent dévorés par ces animaux. On parle aussi de tigres, mais ce sont probablement des léopards ou des panthères. Les loups, les gazelles et les lièvres abondent. On voit, selon les Bédouins, des serpents énormes qui dévorent un mouton tout entier. Les girafes sont nombreuses sur les montagnes. Ce pays semble être la patrie de sauterelles, qui de là se répandent en nuages sur toute la Nubie; mais leurs redoutables essaims ne détruisent pas, dans le Taka même, la riche verdure d'un sol privilégié.

La caravane arriva le 26 mai à Souakim, ville située sur la mer Rouge, en face de Djeddah ; elle est bâtie dans une île au fond d'une baie longue de douze milles et large de deux. Le faubourg nommé El-Gheyf est situé sur le continent. Le nombre des maisons est d'environ six cents, et la population s'élève à huit mille âmes. Elle offre un mélange de Turcs, d'Arabes, de Nègres et d'Indiens, soumis à l'autorité d'un mufti, d'un cadi, et d'un aga ou receveur des droits d'entrée. Les habitants d'El-Gheyf en particulier sont Bédouins, et s'enorgueillissent du nom d'Hadhérames ou, suivant leur prononciation, Hadherebes; ils sont administrés par un émir de leur choix, mais confirmé par le pacha. La force physique est au fond la seule loi, la seule autorité; il est peu d'Hadherebes qui ne se vantent d'avoir tué une demi-douzaine d'hommes, il suffit de payer le prix du sang. A tous les vices de la corruption des peuples de l'intérieur, celui de Souakim joint un degré supérieur de cruauté. Burckhardt eut dans cette ville des aventures assez curieuses. L'aga ignorait qu'il eût un firman du pacha d'Égypte, circonstance également ignorée de l'émir des Hadherebes.

« Mon chameau, dit le voyageur, avait un tel renom de force et d'agilité que l'émir désira se l'approprier; il me dit que tous ceux qui étaient amenés du Soudan à Souakim, par des traficants étrangers, lui appartenaient de droit, et il insista pour retenir le mien. Persuadé qu'une telle loi n'existait pas, et ayant besoin du prix de mon chameau pour payer mon passage à Djeddah, je repoussai la demande de l'émir, que je proposai de soumettre à l'officier de la douane turque. Je me trouvais dans un lieu où je croyais me servir utilement des passe-ports du pacha; cependant comme je n'étais pas sûr que l'émir et ses Bédouins reconnussent l'autorité de Mohammed-Ali, je ne dis rien et demandai à être conduit devant l'aga, déclarant que, s'il l'ordonnait, je livrerais tout de suite mon chameau à l'émir. Celui-ci crut pouvoir concerter avec l'aga les moyens de dépouiller un voyageur inconnu, pauvre et sans protection; comme je paraissais l'être; il l'informa de mon arrivée, et me conduisit peu après en sa présence. Quand nous entrâmes, l'aga était assis et écoutait des matelots. Tandis que je lui faisais une profonde révérence, il m'adressa, en turc, des expressions dont on ne se sert que pour parler à un esclave. Comme je ne lui répondis pas dans la même langue, il s'écria en arabe : « Voyez le vaurien! il vient d'auprès de ses frères les Mameluks, et il prétend ne pas savoir un mot de turc. » Ma figure et ma barbe me donnaient, en effet, l'air d'un Mameluk plutôt que d'un individu appartenant à toute autre nation de l'Orient.

« Je dis froidement à l'aga que mon intention, en osant l'approcher, était d'apprendre de sa propre bouche si l'émir avait droit à mon chameau. « Non-seulement ton chameau, répondit-il, mais tout ton bagage doit être saisi, et nous rendrons bon compte de toi au pacha; car tu ne dois pas prétendre nous en imposer, garnement que tu es! Tiens-toi trop heureux si nous te laissons la tête sur les épaules. »

Je protestai n'être qu'un pauvre marchand, et suppliai l'aga de ne point aggraver les souffrances que j'avais éprouvées. Dans le fait, je désirais, pour de bonnes raisons, réussir à l'apaiser sans faire usage de mes firmans; mais il m'en montra bientôt l'impossibilité. Prononçant contre moi, en turc, mille jurements et malédictions, il appela un invalide qu'il qualifia de valy ou officier de police, et lui ordonna de me garrotter, de me conduire en prison, et de lui amener mon esclave avec tout mon bagage. Je jugeai alors qu'il était temps de produire mes firmans, et les tirai d'une poche secrète de mon thabout. L'un était écrit en turc, sur un papier long de deux pieds et demi, large d'un pied, et scellé du grand sceau de Mohammed-Ali; l'autre, d'un moindre format et rédigé en arabe, portait le sceau d'Ibrahim-Pacha, qui me désignait ainsi : notre bien-aimé Ibrahim le Syrien.

« Lorsque l'aga vit les firmans déployés, il resta stupéfait, et ceux qui l'entouraient me regardèrent avec étonnement; il les baisa tous deux, les porta à son front, et me protesta, dans les termes les plus humbles, que le seul bien du service public l'avait porté à me traiter avec une rigueur dont il me demandait mille pardons; il ne fut plus question du droit de l'émir sur mon chameau, et je fus même dispensé de la taxe que je devais pour mon esclave. Questionné avec tous les égards et les ménagements possibles sur la cause du dénûment où je paraissais être (mes habits, déjà peu brillants à mon départ d'Égypte, étaient actuellement en lambeaux), je répondis que Mohammed-Ali m'avait envoyé surveiller les Mameluks et prendre des renseignements sur l'état du pays des Nègres; que, pour éprouver moins de vexations et d'obstacles, je m'étais costumé en mendiant. L'aga me regarda dès lors comme un personnage important, et la conséquence de cette supposition fut qu'il eut peur de moi et des rapports que je pourrais dans la suite faire au pacha. Devenu de plus en plus souple et obséquieux, il m'offrit en présent un jeune esclave ainsi qu'un habillement tout neuf; mais je refusai l'un et l'autre. Pendant mon séjour à Souakim, je me rendis chez lui régulièrement pour partager un bon dîner dont j'avais grand besoin, et pour fumer dans sa belle pipe de Perse. Les gens de la ville rirent de voir son orgueil humilié par les attentions qu'il croyait devoir montrer à un pauvre homme de ma sorte. Mon triple objet était de trouver en lui un protecteur dans le cas de nécessité, de réparer mes forces par une bonne nourriture, et de conserver intact ma bourse dans laquelle il ne restait plus que deux piastres d'Espagne. »

La considération que les firmans avaient value à Ibrahim le Syrien, décida même les principaux habitants à le charger secrètement d'une commission auprès du pacha d'Égypte. Ils dressèrent une pétition dans laquelle ils demandaient le changement de l'aga, en peignant, sous les couleurs les plus sombres, ses vices et ses ridicules, honte du nom turc et objet du mépris des Arabes. On donnait au pacha, parmi d'autres titres ridicules, ceux-ci : *le lion de la terre et l'éléphant de la mer.*

Burckhardt s'embarqua le 7 juillet, sur un bâtiment du pays. C'était un bateau non ponté, de trente à quarante pieds de long, avec une seule voile. La navigation lente et ennuyeuse au milieu des récifs de corail, le long de la côte de Nubie, fournit à cet intelligent observateur une occasion de recueillir plusieurs notions géographiques intéressantes et des détails de mœurs assez curieux.

Les Amarer, tribu bicharyenne, occupent la côte depuis Souakim jusqu'à Mekouar, promontoire près d'une île du même nom. L'eau douce n'abonde pas sur cette côte couverte de coquillages vivants et pétrifiés; les indigènes et leurs nombreux troupeaux de chameaux, de moutons et de chèvres, boivent les eaux saumâtres sans inconvénient, mais on trouve dans les montagnes des bassins où l'eau de pluie se rassemble. Les Amarer vendent du lait de chameau aux navigateurs de la manière suivante : ils tirent une quantité de lait suffisante pour remplir des vases de jonc d'une dimension égale; le voyageur place ensuite à côté de chaque vase la quantité de tabac ou de dammour qui lui paraît former l'équivalent du lait. « Mais, dit Burckhardt, jusqu'à ce que le Bichary eût obtenu la quantité qu'il désirait, il nous criait froidement : *Kak!* (allez-vous-en!) Il n'y avait pas à marchander, il nous répétait son impitoyable *kak!* » Les habitants de l'île Mekouar vivent de poissons, d'œufs et de coquillages ; ils ont une trentaine de moutons et de chèvres, mais leur État manque d'eau douce ; on en trouve, à la vérité, un peu dans les creux des rochers pendant l'hiver, mais elle disparaît dans l'été ; alors ils passent sur des radeaux une fois par semaine pour en chercher sur le continent.

Burckardt apprit qu'à vingt-cinq milles au nord de Mekouar, on trouve une large baie avec une île à son entrée, nommée Musa Dongola ; il y existe un riche banc de perles, au dire des marins de Souakim ; il est d'un accès facile, n'étant pas à une grande profondeur; mais la crainte d'être attaqués par les Bycharyes, ou d'être dépouillés par l'aga de Djeddah, empêcha les marins arabes de se livrer à cette pêche.

A quatre journées de navigation de Musa Dongola, on trouve le port de D. Olba, qui est en quelque sorte le chef-lieu des Bicharyes proprement dits. Leurs principaux cheiks résident dans les vallées de la montagne voisine qui porte le même nom, et dont les riches pâturages nourrissent de nombreux chameaux et moutons. Ce port, le meilleur qui existe entre Gosseyr et Souakim, selon les Arabes, a échappé aux navigateurs européens. Il s'y fait quelque commerce, mais on n'y va qu'avec crainte, à cause du caractère féroce des habitants. Les dromadaires de la race bicharyenne l'emportent en agilité sur tous les autres. Le territoire des Bicharyes propres s'étend de Mekouar inclusivement, jusqu'aux limites des Ababdés. Les deux tribus se font souvent la guerre.

Burckardt se rendit ensuite à Djeddah, et de là à la Mecque et à Médine. Cette partie de son voyage devant être analysée dans un autre volume de notre collection, nous nous arrêterons ici; nous dirons cependant en finissant qu'il contracta en Arabie le germe de la maladie dont il mourut au Caire en octobre 1817, au moment où il allait partir pour le Fezzan et Timbouctou.

« Courageux et prudent, dit le savant Malte-Brun dans la notice qu'il a consacrée à cet infortuné voyageur, plein d'enthousiasme et de patience à la fois, doué de beaucoup d'esprit naturel, d'une humeur joviale, d'une grande facilité à se plier aux manières des peuples étrangers, ayant de plus reçu tous les secours d'une éducation savante et libérale, Burckhardt était le modèle d'un voyageur. »

CHAPITRE VIII.

FRÉDÉRIC CAILLAUD, DE NANTES. — VOYAGE EN NUBIE.

(1819-1822 *.)

M. Caillaud, conduit en Égypte par le désir de connaître cette contrée si riche en monuments, y resta de 1815 à 1818, commençant son exploration par l'oasis de Thèbes; puis remontant, en 1816, le Nil jusqu'à la seconde cataracte, il fit plusieurs découvertes remarquables, qui lui valurent les suffrages les plus distingués lorsqu'il vint à Paris en février 1819. Quelques mois après, le ministère lui donna une mission pour l'Égypte, où il retourna en septembre 1819, accompagné de M. Letorzec; il visita d'abord les oasis de Syouah, où se trouvent les restes du temple de Jupiter Ammon, et revint au Caire. Là il obtint de Mohammed-Pacha la faveur de joindre l'armée de son fils Ismayl, occupée à une expédition militaire dans la haute Nubie.

* Le véritable titre est *Voyage à Meroé, au fleuve Blanc, au delà de Fazoql, dans le midi du royaume de Sennaar*, etc.

Le 25 novembre, Caillaud partit de Syène, en compagnie de M. Letorzec; sa petite caravane se composait de huit personnes, y compris le guide.

Pendant les six semaines qu'il mit à parcourir l'espace qui le séparait du Dongola, Caillaud voyagea avec autant de sécurité que s'il eût été encore en Égypte; il visita les villes et les monuments déjà vus par Burckhardt, et découvrit des ruines nouvelles, les explora avec détail et avec soin, exécutant en un mot un voyage tout scientifique, et qui par cela même ne rentre pas dans notre cadre; mais ensuite il parcourut des pays qui jusque alors n'avaient pas été étudiés, et qui méritent de fixer notre attention.

« Dès qu'on entre sur le territoire de Dongola, on trouve des fourmis blanches, abondamment répandues sur les terres, où elles font de grands ravages; cet insecte, moins gros qu'une mouche ordinaire, se nomme *gourda* dans le pays; il se trouve en plus grande quantité sur la rive gauche du fleuve que sur l'autre. Les habitants ne peuvent rien conserver sur le sol; ils sont obligés d'élever des planches sur des pieux, pour y placer leur récolte de dourra et autres grains, ayant bien soin de ne pas y laisser pénétrer les insectes. Ceux-ci détruisent tout, mangent le linge, le papier, les nattes en paille et toute espèce d'effets; ils piquent le bois et le mangent en très-peu de temps; ils montent jusqu'au sommet des dattiers les plus élevés; là, ils couvrent le tronc avec de la terre qu'ils ont apportée, et ils s'en font des retraites. La nuit, ils sortent de terre par milliers, mais ils se montrent peu le jour; plusieurs fois ils me trouèrent des tapis très-épais. Nous étions obligés, dans chaque village où nous passions, d'emprunter des lits, ne pouvant plus dormir sur la terre à cause de l'importunité de cet animal malfaisant et même redoutable, tout petit qu'il est. »

Caillaud arriva à la ville de Dongola, située sur le sommet d'un rocher escarpé ; elle n'offre de remarquable que les ruines d'un couvent des Cophtes dont on a fait une mosquée, quoiqu'on voie encore la croix grecque qui marquait sa destination primitive. Les habitants sont apathiques, fainéants, et ne cultivent la terre que pour en obtenir tout juste ce qu'il leur faut pour ne pas mourir de faim. Les hommes et les femmes se graissent la chevelure et le corps. Généralement les premiers sont couverts d'une chemise, les femmes n'ont jamais qu'un morceau de toile, dont un bout est porté en trousse à la ceinture, le reste se drapant sur les épaules et autour du corps. Celles qui sont aisées ont des bracelets d'argent ou d'ivoire, souvent même en cuir garni de quelques boutons d'argent ou d'étain ; elles portent des ornements de la même forme au bas des jambes. Leur cou et leur chevelure sont aussi parés d'ouvrages en verroterie et de petites plaques d'argent. Il est de bon ton d'avoir les ongles teints en rouge; des sandales en cuir comme celles des anciens sont la chaussure des habitants des deux sexes.

Caillaud entra ensuite dans la province de Chaykyé, qui était alors le théâtre de la guerre. En vue du mont Barkal il aperçut des ruines majestueuses, il voulut les visiter. « Je m'avançai à pied au milieu de ces immenses ruines, dit-il ; ici, s'offraient à mes regards les restes d'un beau temple ; là, entassés confusément, des débris de pylônes, de temples, de pyramides. Où diriger mes pas ? à quel objet donner la préférence ? j'aurais voulu tout voir à la fois. Sur l'autre rive, dans l'est, je découvrais encore le sommet de plusieurs pyramides. Je parcourus rapidement l'antique enceinte de huit temples et celle des pyramides ; mais la journée se passa, et je n'avais pu prendre encore qu'une idée superficielle de cette foule d'objets dont j'étais environné, lorsque la nuit vint nous contraindre à nous retirer. Dans un petit village situé près du fleuve, une cabane de Chaykyés nous donna asile pour la nuit. Les femmes seules l'occupaient, leurs maris se tenaient cachés dans le désert.

« L'esprit frappé de ma découverte, je ne pouvais dormir, lorsque j'entendis au dehors un bruit de chevaux et la voix de plusieurs hommes. Je me levai, et comme notre chambre n'avait point de porte, en un instant je fus dans la cour, où je vis entrer cinq Chaykyés à cheval. L'un de ces hommes m'accosta d'un ton assez brusque, en me demendant pourquoi le pacha ne savait employer d'autre châtiment que le supplice du pal ; je demeurai interdit à cette question dont je ne devinais point l'à-propos, mais ses amis l'appelèrent, et il entra avec eux. M. Letorzec et mes domestiques, réveillés aussi par le bruit, étaient sur pied. Les Chaykyés se mirent à boire; sur ces entrefaites, un esclave me donna la clef de la singulière interpellation qui m'avait été adressée; il m'apprit que les corps de cinq habitants du lieu étaient en ce moment près de notre gîte, exposés sur l'instrument de leur supplice; c'étaient des malfaiteurs qui détroussaient et massacraient les passants, et qui venaient d'être empalés par ordre du pacha. Cette exécution, quelque effroyable qu'elle fût, devint peut-être pour nous une sauvegarde, et contribua à inspirer à nos hôtes de la circonspection. Nous nous tînmes sur nos gardes toute la nuit, mais avant le jour les Chaykyés s'étaient empressés de regagner le désert. »

Caillaud, ayant su le lendemain que le pacha n'était qu'à cinq heures de marche, résolut de se rendre auprès de lui, espérant revenir immédiatement au milieu de ses curieuses ruines; mais il fut trompé dans son espoir, et se vit obligé de suivre l'armée qui partait pour le Sennaar. Il apprit les événements militaires à la suite desquels Ismayl s'était rendu maître de toute la province, et il fait le récit de la bataille décisive où il avait été vainqueur; nous allons le citer parce qu'on y trouve des particularités qui nous font connaître les usages de ces peuples.

« Bientôt les armées sont en présence, dit-il après

avoir parlé des préparatifs du combat; la bonne contenance des Chaykyés et leur nombre quatre fois supérieur à celui des Turcs, semblaient leur promettre une victoire assurée. Pleins de confiance, ils approchent en faisant retentir l'air de leurs cris et de leurs timbales. Une jeune fille chaykyé, montée sur un chameau richement harnaché, donne le signal du combat, en faisant entendre des espèces de roucoulements familiers aux Arabes; ces cris se répètent et animent les combattants, qui courent affronter le danger. Les deux partis s'entre-choquent avec un acharnement égal; partout le combat s'engage avec énergie.

« Enfin, après trois heures, la cavalerie ennemie fut mise en fuite, et put échapper aux poursuites en s'enfonçant dans le désert; la fureur des Turcs n'eut à s'exercer que sur l'infanterie, composée d'un ramas de misérables cultivateurs, dont les guerriers chaykyés s'étaient fait un rempart. Ces pauvres gens, la plupart sans armes, fanatisés par un prétendu devin qui leur avait persuadé que les balles ne tuaient point les vrais croyants, étaient accourus avec une confiance aveugle se précipiter sous le feu des Turcs. Tous s'étaient munis de cordes pour enchaîner les Turcs, dont ils ne supposaient pas avoir à redouter une résistance sérieuse. Enfin, la crédulité de ces malheureux était poussée au point qu'après le combat on en vit quelques-uns, pleins de l'intime conviction qu'ils s'étaient rendus invisibles par leurs talismans et leurs sortiléges, pénétrer dans le camp des Turcs avec une assurance telle, que ceux-ci les prirent pour des Arabes amis. Leur projet ne tendait à rien moins qu'à s'emparer d'Ismayl et à le garrotter de leurs cordes. Enfin ils furent reconnus et arrêtés au moment où ils approchaient de sa tente, et tout ce qui les surprit, ce fut que leurs amulettes ne les eussent pas protégés jusqu'au bout. On en vit d'autres, atteints de plusieurs balles et pouvant à peine se soutenir, s'en moquer comme d'une bagatelle dont ils se disaient sûrs de ne pas mourir. Il est vrai qu'en général ils étaient ivres; quelques-uns même se précipitaient au-devant des coups, tenant à la main un vase rempli de liqueur enivrante, et paraissant aussi joyeux que s'ils eussent assisté à une fête. Huit cents de ces malheureux restèrent sur la place. »

Caillaud suivit donc Ismayl dans sa marche à travers le Berber et le Chendy, et partout il confirma les observations de Burckhardt, auquel il donne les plus grands éloges. Pendant un séjour de l'armée, il sut qu'il était peu éloigné d'un lieu où l'on voit de nombreuses pyramides, qu'on nomme dans ce pays Tarâbyls; il obtint du prince la permission d'aller les examiner, et voici comment il dépeint l'émotion qu'il éprouva. « Qu'on se peigne la joie que j'éprouvai en découvrant les sommets d'une foule de pyramides, dont les rayons du soleil, peu élevé encore sur l'horizon, doraient majestueusement les cimes! Jamais, non jamais jour plus heureux n'avait lui pour moi! Je pressai mon dromadaire; j'aurais voulu qu'il franchît avec la rapidité du trait les trois heures qui me séparaient encore des ruines de l'ancienne capitale de l'Éthiopie; enfin j'y arrivai. Mon premier soin fut de gravir sur une éminence pour embrasser d'un coup d'œil l'ensemble des pyramides. J'y restai immobile de plaisir et d'admiration à la vue de ce spectacle imposant; j'allai ensuite monter sur le plus élevé de ces monuments. Là, voulant payer un faible tribut d'hommage au géographe illustre dont le génie avait guidé mes pas, je gravai sur la pierre le nom de d'Anville. Promenant mes regards autour de moi, je découvris dans l'ouest un second groupe de pyramides, et, à peu de distance du fleuve, un vaste espace couvert de ruines et de décombres, annonçant assez l'emplacement d'une ville antique; je descendis pour parcourir les petits sanctuaires qui précèdent les tombeaux; partout régnaient le silence et la désolation. Ce fut à mon grand regret que je reconnus l'impossibilité d'établir ma demeure dans un de ces sombres et funèbres asiles; mais l'intérêt de ma propre santé me conseilla de n'en rien faire. Nous allâmes donc chercher un gîte à un petit village peu éloigné. En nous y rendant, je parcourus les autres pyramides et les ruines que j'avais aperçues plus loin, j'y distinguai les restes de plusieurs temples, et d'une avenue ornée de béliers. J'aurais voulu tout voir, tout interroger à la fois. »

M. Caillaud consacra quatorze journées entières à examiner, mesurer, dessiner les nombreuses ruines au milieu desquelles sa bonne étoile l'avait conduit; l'armée arrivant en face des ruines, il partit avec elle, traversa presque sans s'y arrêter la ville de Chendy, celle de Halfay, et le 27 mai il se trouvait avec elle au confluent du Nil blanc et du Nil bleu. On passa le fleuve et on se mit en marche pour le Sennaar, tandis que Caillaud remontait le Nil bleu sur une barque que lui avait donnée le prince.

« Un jour, dit-il, je voulus entrer dans un bois pour y surprendre quelques animaux; j'y vis beaucoup de singes, les traces fraîches de l'éléphant, des pintades, et divers oiseaux à beau plumage, mais ne poussant que des cris aigus. Depuis les Pharaons, peut-être, aucune barque n'avait déployé ses voiles sur le fleuve où je naviguais; ce n'était pas sans une douce satisfaction que je voyais la mienne devancer toutes les autres, et lutter contre les vents dans des parages où les regards d'aucun Européen n'avaient encore pénétré! J'éprouvais aussi une émotion involontaire, en contemplant ces arbres vainqueurs du temps, et que la vieillesse n'a point courbés; ces bois épais dont l'éternel feuillage n'offrit jamais au voyageur son ombre tutélaire contre les rayons brûlants du soleil; ces fourrés inaccessibles où le pasteur ne conduisit jamais ses troupeaux. La nature brute et sauvage respire seule au milieu de cette végétation sans cesse renaissante; les acacias, les nabkas, les heglygs, les arbres morts eux-mêmes, enlacés dans les circonvolutions inextricables des lianes, ne forment qu'un massif compact de verdure, à travers lequel quelques sentiers, à peine praticables, permettent de se faire jour. Le choc de nos rames et le bouillonnement des eaux que notre barque déplaçait, jetaient l'alarme et une terreur inconnue parmi les habitants du fleuve; les crocodiles, qui, depuis si longtemps, déposaient en paix leurs œufs sur ses bords solitaires, rentraient précipitamment dans son sein; les hippopotames, agités et inquiets, nageaient en troupes autour de nous, et, par leurs mugissements, semblaient nous reprocher d'être venus troubler le calme de leurs demeures. Les perruches, les pintades, les ibis, et nombre d'oiseaux remarquables par leur parure variée, faisaient entendre leurs cris assourdissants; les singes gesticulant et gambadant sur les arbres; les hyènes, les onagres, les girafes, les éléphants, et divers autres quadrupèdes, se montraient à droite et à gauche du fleuve. Mais l'explosion de la poudre, dont le bruit frappait pour la première fois leurs oreilles, les faisait fuir, pleins d'épouvante, dans les retraites impénétrables que la nature leur a ménagées. Enfin, le spectacle qui se développait ici était entièrement nouveau pour moi; le fleuve charriait des bambous, de l'ébène, du gaïac et d'autres bois précieux; je voyais des coquillages d'espèces inconnues; ses bords étaient couverts de plantes, d'arbres, d'insectes, et d'autres productions qui avaient jusque alors échappé aux investigations des naturalistes. De quel côté l'observateur tournera-t-il ses regards? Tout l'attire, tout l'intéresse; la nature a semé sous ses pas avec profusion des richesses encore vierges; le climat, le sol, les habitants, les végétaux, dans cette contrée, ont une physionomie distincte. »

Dans les premiers jours de sa navigation, Cailliaud avait trouvé douze œufs de crocodile; il en brisa un, et, ayant vu un petit crocodile mort, il jugea qu'ils étaient tous mauvais, et les garda par curiosité. Écoutons le voyageur nous raconter les suites de cette circonstance. « J'avais, dit-il, plusieurs fois entendu dans ma barque un coassement qui avait quelque ressemblance avec celui de la grenouille; pensant qu'un de ces animaux s'y était introduit, j'avais fait avec mes Arabes des recherches exactes, et dérangé inutilement mes caisses et mes bagages. Cependant des cris plus distincts et qui n'étaient plus ceux de la grenouille, continuaient à se faire entendre. Impatient de connaître d'où ils provenaient, je fis mettre de nouveau tout sens dessus dessous. Enfin je m'avisai de visiter le panier où j'avais déposé mes œufs de crocodile, et je ne fus pas peu surpris de voir deux de ces animaux s'en échapper lestement. Je courus après, et les mis dans un bassin plein d'eau. Ouvrant ensuite avec précaution mon nid de crocodiles, je remarquai que les uns étaient encore attachés à l'œuf, que d'autres en étaient sortis à moitié, et qu'il y en avait enfin qui ne faisaient que percer leur coque. J'eus le plaisir de les voir travailler pour se produire au jour, et d'observer par quels procédés ils y parvenaient. L'animal était pelotonné sur lui-même, la tête ployée sur le ventre ainsi que la queue, dont l'extrémité revenait sur le dos; il était enveloppé dans une espèce de membrane qui prend naissance sous le ventre, et qu'il coupe lui-même, à ce qu'il paraît, avec ses dents; dressant ensuite la tête, il appuie le museau avec force contre une des extrémités de l'œuf, et y pratique une petite ouverture qui s'accroît à mesure qu'il sort sa tête; sa queue, qui se déploie en même temps, seconde ses efforts, en choisissant un point d'appui contre l'autre extrémité de la prison. Le petit crocodile est enfin délivré de sa captivité, et la membrane qui l'enveloppait reste adhérente aux parois de l'œuf. Tous avaient à peu près la même dimension, c'est-à-dire un pied de long sur quatre pouces de circonférence au plus gros du corps; et cependant chaque œuf, dont les bouts sont également arrondis, n'avait que trois pouces de longueur et sept pouces de circonférence. On est vraiment étonné qu'un animal de cette taille ait pu être contenu dans un espace aussi étroit. Les pattes de devant, longues de deux pouces, ont cinq doigts palmés, dont les trois premiers seulement sont armés d'ongles; celles de derrière, plus longues, n'ont que quatre doigts, dont l'extérieur est dépourvu de griffes, et qui sont réunis par des membranes plus grandes. L'œil est de couleur olive, la prunelle est traversée perpendiculairement par une raie noire entourée d'un filet blanc; le corps, gros et raccourci, diminue en s'allongeant dans les premiers temps. L'animal, dès sa naissance, montre de la férocité; il cherche à surprendre et à mordre. Mes petits crocodiles étant sortis des œufs, je les exposai au soleil : ils s'élancèrent d'eux-mêmes dans l'espèce de bassin que je leur avais préparé, et au centre duquel était disposée une place en forme d'île, où ils venaient au-dessus de l'eau respirer l'air atmosphérique.

« Je leur donnai en vain du poisson, de la viande, et d'autres aliments; ils n'y touchèrent pas. Les habitants me dirent que ces animaux, étant jeunes, ne vivent que d'argile limoneuse. Je leur en donnai, et les conservai ainsi vivants pendant six mois; mais à l'époque des pluies ils périrent tous de froid, sans doute, n'ayant pris aucun accroissement sensible. »

Cailliaud arriva à Sennaar le 24 juin; admis presque immédiatement auprès du pacha, il le trouva glorieux de la rapidité de ses succès et préparant une expédition pour le Fazoql, à laquelle il lui proposa de se joindre. Notre voyageur accepta avec joie; mais comme le départ ne pouvait avoir lieu qu'à une époque plus éloignée, il eut le loisir de visiter en détail Sennaar, où nul Européen n'était entré depuis Bruce.

Baady, roi, mek ou mélik de Sennaar (ces trois titres sont donnés indifféremment au chef du pays), après s'être soumis à Ismayl, avait été nommé cheik de Sennaar. Il obtint du pacha la permission de célébrer le *ramadan* suivant l'usage du pays. « Le huitième jour de cette solennité, dit Caillaud, Baady, accompagné de ses ministres et de ses premiers écuyers, déployant toute la pompe et toute la magnificence qu'avait pu comporter sa puissance expirante, et escorté de cent hommes de sa garde, portant la haste, le sabre et le bouclier, parcourut la ville. Un grand concours de peuple le suivait; les femmes exprimaient par des roulements de voix la joie et le contentement que faisait naître la présence du monarque. Le cortége s'arrêta devant la maison du pacha, pour donner à ce prince le spectacle d'un combat simulé. Les cent gardes de Baady se séparèrent en deux corps; ils se saluèrent de leurs armes, et s'avancèrent l'un sur l'autre, agitant leurs piques horizontalement, le jarret ployé, sautant alternativement sur chaque pied. S'étant approchés à une certaine distance, ils se tinrent accroupis, se couvrant alors en entier de leurs longs boucliers; en cette position, ils faisaient un pas, sautaient à droite et à gauche, comme pour éviter le fer de l'ennemi. Au moment de lancer la haste, ils poussent un cri aigu, qui semble destiné à avertir l'adversaire de se tenir sur ses gardes et de parer le coup; les hastes partent, et sont renvoyées réciproquement d'une troupe à l'autre. Vint ensuite le combat au sabre : ils élevaient cette arme au-dessus de leurs têtes, la balançaient longtemps, sautillaient en levant un pied, puis l'autre, fondaient sur la troupe adverse, et se retiraient, après avoir porté quelques coups avec beaucoup d'agilité. Les deux ministres et les principaux écuyers de Baady montaient de très-beaux chevaux, dont les harnais étaient plus ou moins enrichis d'argent, ainsi que les garnitures de leurs sabres. Le monarque était vêtu d'une aube recouverte d'une tunique en riche étoffe de l'Inde; le bonnet, marque de sa dignité, était de la même étoffe et piqué; sa forme était ronde, avec deux pointes sur les côtés. Il était chaussé de sandales en cuir, pareilles à celles des anciens. Son sabre était orné d'or et d'argent, ainsi que les harnais de son cheval, dont la tête était surmontée d'un panache de plumes d'autruche. On portait près de Baady une grande ombrelle de diverses couleurs, et ressemblante à la couverture d'un pavillon chinois. Le cortége se remit en marche; les ministres et les écuyers, au nombre de six, marchaient en avant, le roi venait ensuite; un esclave portait un tabouret d'argent, sur lequel Baady s'asseyait, et dont il se servait pour monter à cheval. Derrière lui la troupe suivait à pied, portant la lance à l'épaule, le fer tourné vers la terre, comme signe de leur soumission à un pouvoir étranger. »

Nous allons donner maintenant le résumé des

observations de Caillaud sur la ville de Sennaar et sur ses habitants, afin qu'on puisse les comparer avec celles de Bruce.

Sennaar est situé sur la rive occidentale du Nil, mais le terrain élevé sur lequel cette ville est bâtie la garantit des inondations. Elle a trois quarts de lieue de tour; Caillaud évalue sa population à neuf mille âmes. Les maisons, construites sur un sol couvert de tas énormes de décombres provenants de constructions plus anciennes, sont en grande partie dégradées; de vastes terrains les séparent, ce qui agrandit considérablement l'espace que la ville occupe. Les unes sont des cabanes rondes couvertes en chaume; les autres, en terre d'argile, ont parfois un étage et une terrasse assez ordinairement en mauvais état; aucun alignement n'est observé entre elles. Enfin, cet amas confus d'habitations présente au total l'aspect de la misère. Au centre, domine l'ancienne résidence des aïeux de Baady; c'est une construction en briques cuites, élevée de quatre étages, et abandonnée ainsi que toutes ses dépendances.

Il y a encore quelques maisons spacieuses à un ou deux étages; elles sont flanquées de hautes murailles inclinées en talus, où assez rarement on aperçoit quelques petites ouvertures, qui n'y répandent qu'une faible lumière.

Les Sennaariens sont grands et robustes; les enfants des deux sexes, jusqu'à l'âge de douze à quinze ans, sont généralement jolis. Les femmes ont quelque chose de noble dans la démarche et dans le maintien. La vie s'use bien vite dans le Sennaar; les excès auxquels on s'y abandonne, autant que les maladies produites par l'insalubrité du climat, contribuent à la rendre de courte durée.

Caillaud confirme tout ce que Bruce a dit de la manière de se nourrir de ce peuple, mais ce dernier a oublié de mentionner l'usage excessivement répandu du bouza et de la méryse, boissons enivrantes, sortes de bières obtenues par la fermentation du dourra.

Les habitants de Sennaar sont vêtus d'une pièce de toile blanche de coton; ils commencent à l'attacher en ceinture par une des extrémités dans le sens du lé; puis ils la tournent en arrière et la drapent sur leurs épaules. Le costume des femmes est le même, ce qui ne s'accorde nullement avec l'assertion de Bruce, car il prétend qu'elles ont des chemises bleues; il se trompe encore lorsqu'il dit qu'elles mettent tous les jours une chemise propre; la plupart n'ont qu'une seule de ces toiles, et ne la quittent que lorsqu'elle tombe tout à fait en lambeaux.

Les sandales en cuir, à bouts arrondis et quelquefois pointus, sont la chaussure usuelle; il est de mode de les porter beaucoup plus longues que le pied.

L'élégance de la coiffure consiste à réunir les cheveux en une infinité de petites tresses, avec lesquelles on en forme de plus grosses, en les remontant vers le haut de la tête. Il y a des femmes qui font métier de coiffer de cette manière : « J'en ai vu passer quatre journées entières pour attifer une seule tête ; il est vrai que cette coiffure, artistement faite, peut durer au moins un an. »

Les sachets à amulettes sont fort en vogue ; les femmes en portent une quantité suspendus sur le buste, au haut des bras, aux poignets ; les hommes se les attachent au coude, et ont au bras un petit couteau. Les objets de parure sont des bracelets en perles de Venise ou en ivoire, des colliers aussi en perles fausses, un petit anneau d'or ou d'argent placé au haut d'une seule oreille.

Les hommes se livrent à l'agriculture et au commerce ; ils n'ont point l'usage de la charrue ; secondés par les esclaves des deux sexes, ils labourent les terres avec une espèce de houe, lorsqu'elles sont encore imprégnées de l'eau des pluies. C'est ordinairement au mois d'août qu'on y sème le dourra ; on le récolte trois mois après, en coupant seulement l'épi ; la tige reste en terre et s'y conserve verte ; on l'arrache au fur et à mesure pour la nourriture des bestiaux. Les épis du dourra étant bien secs, on les bat ou on les fait fouler aux pieds par les bœufs pour les égrener. Le grain recueilli se conserve sous terre dans des fosses induites d'argile.

Les femmes sont très-laborieuses ; leur principale occupation consiste à triturer le dourra sur une pierre, à préparer le pain et les boissons. Elles se délassent à faire divers tissus de paille et des nattes très-fines. C'est sur ces nattes que l'on se couche ; elles font l'ornement des maisons ; les riches en entourent leurs lits, ce qui les garantit un peu de l'importunité des insectes nocturnes.

Caillaud alla voir le ci-devant roi Baady. « Je le trouvai, dit-il, assis sur un tabouret dans une cour de sa maison, où il prenait le frais. A sa droite étaient son ministre et quelques personnes de sa suite ; il était vêtu d'une large chemise de toile blanche, les jambes nues, de longues sandales aux pieds, la tête couverte du bonnet particulier aux méliks. On lui apporta une pipe faite d'un simple tuyau de bois, des plus communs du pays. On me servit le café.

« Baady est un homme de quarante ans environ, d'une taille moyenne, robuste, d'une figure pleine et agréable, ayant les cheveux crépus et le teint de couleur cuivrée, qui est celui de la race des Fungis. Il me demanda quelle différence je faisais entre mon pays et le sien ; il me croyait de Constantinople, et je lui en fis un tableau qui effaçait entièrement la ville de Sennaar. « Aujourd'hui, me fit-il observer, Sennaar n'est plus reconnaissable et est bien loin de ce qu'il était du temps de mes ancêtres. » Puis, d'un air véritablement ému, il me fit voir de chez lui les ruines du palais de son père, qui dominaient encore toute la ville. « Ces décombres, me dit-il, sont les restes de la puissance de mes aïeux, dont jadis la force et l'opulence portèrent les limites du territoire jusqu'aux confins du Dongola. » Il se tut, et sembla réfléchir en lui-même sur sa grandeur passée. N'ayant rien à lui offrir qui fût digne de son rang, je lui donnai une de mes boîtes d'allumettes oxygénées ; lorsqu'il en vit une s'enflammer dans l'acide sulfurique, il fit une exclamation en prononçant le nom de son prophète, et témoigna la plus grande surprise. Je pris congé de cet ex-monarque pour aller visiter celui de Chendy, Mélik-Nimir. On m'avait prévenu de son caractère hautain, de sa fierté ; je le trouvai assis sur un engareb, lisant le Coran ; comme il n'y avait point d'autres siéges dans la pièce où il était, j'allai m'asseoir près de lui ; plusieurs de ses gardes se tenaient debout autour de nous. Nimir est un homme de six pieds ; il a le regard dur, l'humeur sombre ; il est réfléchi, plein d'orgueil et d'audace, studieux et dévot (1). Il était vêtu d'une chemise de toile blanche, avait des sandales de cuir, le bonnet, marque de son rang, et portait au cou des colliers de derviches, et quelques sachets en cuir renfermant des papiers où sont écrits certains versets du Coran. Je ne fus pas moins généreux envers ce prince que je l'avais été envers le roi Baady, et il ne se montra pas moins émerveillé

(1) Lorsque Ismayl-Pacha revenait de son expédition et s'en retournait en Égypte, il s'arrêta à Chendy. Un soir il eut l'imprudence de quitter son camp et d'aller passer la nuit dans un village voisin ; Nimir, instruit de cette circonstance, le surprit au milieu de son sommeil et le massacra lui et les siens.

en me voyant tirer à volonté du feu d'une bouteille. »

Pendant les deux premiers mois du séjour de l'armée à Sennaar, la santé des troupes s'était toujours maintenue, quoiqu'il y eût un mois que la saison des pluies fût commencée ; le pacha, qui connaissait ce que Bruce a écrit sur l'insalubrité de ce climat, regardait son récit comme mensonger; mais vingt jours après il était de son opinion, car le tiers de ses soldats était en proie aux maladies; M. Letorzec et tous les domestiques de Caillaud étaient tourmentés par la fièvre, et lui-même redoutait à chaque instant de ne pouvoir résister à l'influence pernicieuse de la saison. « Durant deux mois, dit-il, il me fallut soigner toutes les personnes qui m'étaient attachées, veiller à tous nos besoins, préparer moi-même nos aliments, soigner nos six chameaux, courir de tous côtés à la recherche des choses les plus indispensables à la vie. Lorsque j'étais parvenu à obtenir un peu de froment, en le payant un franc la livre, je le mêlais avec trois parties égales de dourra, et j'en formais une pâte qui, cuite en forme de galettes, nous tenait lieu de pain. Soit par fierté, soit par antipathie, aucun habitant ne voulait nous servir à quelque prix que ce fût; il était impossible de trouver d'autres domestiques. Force était donc de se suffire à soi-même, tout le monde se trouvant dans le même cas. »

L'approche de la belle saison ranima bientôt les

malades, et M. Letorzec recouvra assez de forces pour le voyage qu'il allait entreprendre vers les provinces du sud. Ibrahim-Pacha était, sur ces entrefaites, arrivé d'Égypte; il se décida à faire une campagne sur les bords du fleuve Blanc, tandis qu'Ismayl devait aller dans le Fazoql, espérant y rencontrer de l'or en immense quantité; et comme il connaissait les talents de nos voyageurs, il les prit à sa suite malgré Caillaud, qui aurait préféré visiter le fleuve Blanc.

Le 8 décembre, Ismayl quitta Sennaar, côtoyant toujours le fleuve Bleu. « Le 11, dit Caillaud, nous entrâmes dans un bois tellement touffu, que les chameaux avaient peine à s'y faire jour par des sentiers étroits et peu distincts; à chaque instant il fallait avec la main écarter les branches d'acacias et les nebkas, dont les épines menaçaient de nous déchirer la figure et faisaient à nos habits de fréquents outrages. Certes, j'ai peine à croire que de temps immémorial les pas de l'homme ni ceux des animaux domestiques eussent foulé avant nous le sol de ces chemins ténébreux, tapissés en tous sens de ronces et de rameaux armés de piquants aigus; les bêtes sauvages seules avaient pu y chercher un asile, et sans doute c'étaient elles seules aussi qui avaient frayé les passages où nous nous trouvions engagés... Au moment où l'on traversait un terrain planté d'arbres en partie morts, et fourni de broussailles et d'herbes à demi sèches, un incendie se manifesta tout à coup, et jeta l'épouvante dans l'armée, sur le passage de laquelle un fort vent poussait les flammes: on n'entendait que des cris confus; le désordre était au comble; c'était à qui, pour se sauver, courrait avec le plus de vitesse; les chameaux, effarouchés, n'écoutaient plus la voix de leurs conducteurs, s'élançaient au galop, jetaient bas leur charge, et allaient périr au milieu de l'embrasement. Ce ne fut pas sans peine que je me vis moi-même obligé de passer devant le gouffre de feu qui, en peu d'instants, se déploya sur une demi-lieue d'étendue. Si ce désastre avait eu lieu la nuit, l'armée eût couru les plus grands dangers.

Cette marche, au milieu d'un pays montagneux et sauvage, n'offrit à nos voyageurs que de sanglants épisodes. Partout les soldats semaient sur leurs pas la désolation et la mort, attaquant les malheureux habitants de ces contrées, et les massacrant sans pitié s'ils faisaient la moindre résistance. Auprès de Kelgou, on fit cependant un assez grand nombre de prisonniers, ce qui fournit à Caillaud l'occasion de décrire cette peuplade. « Ces nègres, dit-il, ont les cheveux crépus, les lèvres grosses et les pommettes des joues saillantes; peu d'entre eux ont le nez épaté; plusieurs même ont de belles physionomies. Les hommes se couvrent le bas des reins d'une peau de chèvre, dont les pattes servent à la nouer sur le devant. Les femmes avaient un morceau de toile de coton en ceinture qui leur descendait presque jusqu'aux genoux ; elles étaient plus ou moins parées de colliers et de bracelets de verroterie. Plusieurs avaient les narines ou les oreilles percées d'un trou où passait une cheville de bois ; d'autres portaient à la lèvre inférieure des pendeloques en étain.

« Le 24 décembre, nous résolûmes, M. Letorzec et moi, d'aller voir de près les habitations. Munis de nos armes, nous avancions en nous tenant sur nos gardes, car il restait encore quelques nègres et de vieilles femmes qui, n'ayant pu fuir, avaient pris le parti de demeurer cachés. Ce ne fut pas sans de fort grandes difficultés que nous parvînmes au haut de la colline ; il fallait, par des sentiers escarpés et raboteux, nous aider de nos mains pour ne pas glisser sur les blocs arrondis de granit qui les tapissaient. Le corps des cabanes circulaires que nous vîmes étaient construit en terre argileuse, la couverture en chaume. On reconnaissait facilement toutes les dépendances de la propriété d'une même famille ; c'étaient toujours quatre ou cinq maisonnettes, liées les unes aux autres par de petits murs, qui formaient des cours peu spacieuses entourées de banquettes en terre. Quelques huttes de la même forme que les bâtiments d'habitation, mais n'ayant que six pieds de circonférence, étaient destinées à serrer le dourra ou à servir de poulailler. A l'inspection de l'intérieur de ces demeures rustiques, je jugeai que les habitants n'ont point, comme les musulmans, l'usage de s'accroupir à terre pour vaquer à différentes occupations domestiques. Le foyer où se préparaient les aliments est élevé de deux ou trois pieds au-dessus du sol; les pierres à écraser le grain sont également dressées sur des cippes en maçonnerie; partout on voit des bancs en terre battue pour servir de siéges. Un certain goût et un esprit d'ordre semblent régner dans l'ensemble de ces habitations; on voit que leurs propriétaires se sont montrés soigneux de se procurer diverses commodités; ils recueillent les eaux de pluie dans une grande citerne et dans beaucoup d'autres réservoirs moins considérables. Ces nègres montagnards ne descendent dans la plaine que pour soigner leur dourra. En parcourant leurs maisons, nous y vîmes un peu de ce grain, quelques gousses de tamarin, des fruits de baobab, d'héglyg et de nebkas, fruits qui ne valent pas les plus mauvais des nôtres. »

Enhardi par ce premier succès, Ismayl, pendant que l'armée se reposait, voulut faire une excursion dans le voisinage avec un faible détachement d'infanterie, dont il prit lui-même le commandement; il nomma son médecin capitaine d'une compagnie, et proposa à Caillaud de l'accompagner. Laissons le voyageur raconter lui-même les détails de cette expédition qui faillit lui devenir funeste. « Je crus, dit-il, pouvoir me dispenser de suivre le pacha en prétextant que mon dromadaire était harassé de fatigue ; mais il leva la difficulté en m'envoyant un cheval ; il n'y avait plus alors moyen de reculer. Armé de pied en cap, j'avais tout l'extérieur d'un vaillant cavalier : pistolet, sabre, fusil, giberne et cartouches, il ne me manquait qu'un peu d'ardeur belliqueuse, car je me sentais fort peu disposé à répandre le sang de quelques misérables nègres.

« On entra dans une petite vallée formée par deux chaînes de hautes collines dominées par une grosse montagne au sommet de laquelle on se proposait d'atteindre, dans l'espoir de surprendre les nègres sur le revers opposé. Il fallait se frayer un passage parmi les acacias et les nebkas, dont les branches hérissées d'épines mettaient nos vêtements en lambeaux ; on conduisait, avec des peines infinies, deux petites pièces de canon portées par des chameaux. Le pacha m'avait bien recommandé, pour ma propre sûreté, de me tenir près de lui ; cette attention bienveillante de sa part faillit me devenir funeste. Après deux heures de marche, on était parvenu aux deux tiers de la montagne qui était le but de notre expédition ; on cheminait par un sentier âpre et raboteux, longeant à droite le bord d'un précipice ; à gauche s'élevait à pic le pied de la montagne. Une partie des troupes était en avant ; le pacha les suivait, ayant derrière lui un de ses esclaves ; je venais immédiatement ensuite, et si près de l'esclave, que la tête de mon cheval touchait la sienne ;

les Mameluks marchaient après moi ; le peu de largeur du sentier ne permettait de défiler qu'un à un. Tout à coup un quartier de roche de trois pieds d'épaisseur, roulant à l'improviste entre Ismayl et moi, emporta dans le précipice l'esclave qui nous séparait. Sans doute le coup était destiné au pacha, que la richesse de son costume avait fait remarquer; mais un pas de plus, et c'était moi qui le recevais! Ismayl se retourna aussitôt, et je jugeai, à la pâleur de son visage, de quelle frayeur il était saisi; j'avoue, au reste, qu'il put sans injustice faire sur mon compte la même observation. Nous mîmes pied à terre, pour être plus en mesure d'éviter les pierres et les pièces de bois que les nègres continuaient à précipiter sur nous. Masqués par le feuillage, ces hommes s'étaient réunis au-dessus de nos têtes, sans que personne jusque-là s'en fût aperçu. Quoi qu'il en soit, nous descendîmes la montagne beaucoup plus vite que nous n'y étions montés; et l'on fut heureux d'en être quitte pour un cheval qui fut encore emporté par un quartier de rocher. Arrivé sur un coteau en face, le pacha, pour se venger, fit braquer, contre le sommet de la montagne, une petite pièce de canon qui tira quelques coups, mais dont les boulets faillirent atteindre la compagnie commandée par son médecin. Le vaillant docteur revint tout épouvanté sans avoir fait des exploits plus éclants que les nôtres. Cette fois, Dieu merci, les pauvres nègres furent assez heureux pour échapper à leurs persécuteurs ! A l'entrée de la nuit, nous étions de retour au camp. »

Le 1er janvier 1822, l'armée pénétra sur le territoire de Fazoql. « Ce jour-là, dit Caillaud, fut vraiment pour nous un jour de malheur : d'abord j'abandonnai un de mes chameaux qui mourut sur la route ; le soir deux autres tombèrent dans un ravin ; il fallut les décharger, les recharger, ce qui nous prit beaucoup de temps, et nous résigner encore à jeter une partie de notre dourra. Cependant la nuit vint, et nous restâmes enveloppés par d'épaisses ténèbres ; nous n'entendions plus que les pas de quelques traînards qui se hâtaient pour arriver à Fazoql ; l'armée entière avait défilé ; en vain nous cherchions à reconnaître ses traces, l'obscurité les dérobait à nos regards. Le pénible travail que nous venions d'achever, M. Letorzec et moi, les fatigues de la marche que nous avions été contraints de faire presque toujours à pied, l'embarras de notre position, tout concourait à nous jeter dans l'abattement ; j'allai pour prendre de l'eau, ô douleur ! l'outre qui en contenait avait été vidée par la chute du chameau. Qu'on se peigne, si l'on peut, notre horrible anxiété ! Devions-nous passer la nuit dans le bois ? Nous avions tout à craindre et des animaux féroces et de nos nègres eux-mêmes qui, tentés par l'appât de nos effets et de notre argent, pouvaient profiter de notre isolement pour nous égorger.

« Nous pouvions nous rassurer contre les attaques des animaux en allumant du feu, mais sa clarté pouvait éveiller l'attention des indigènes du voisinage, et nous mettre à peu près sans défense à leur merci. Telle était notre perplexité, lorsque mon Arabe nous dit qu'il apercevait une lueur dans le lointain : vainement nous regardions de tous nos yeux, nous ne découvrions rien : enfin, cette lueur prit de l'accroissement, et nous fûmes convaincus qu'il ne s'était pas trompé. Cette apparition ranima notre courage ; sans doute, c'étaient les feux allumés dans le camp turc. Notre premier mouvement fut de suivre la direction qu'ils nous indiquaient, mais la réflexion vint modérer notre joie ; ces feux ne pouvaient-ils pas être ceux des nègres, dont les environs étaient remplis ? Nous cheminions cependant, mais avec lenteur, dans la crainte de tomber dans quelque trou. Je tremblais aussi que le cri de nos chameaux ne décelât notre marche ; enfin, à une certaine distance, nous vîmes encore du feu ; j'envoyai mon Arabe à la découverte, et il s'avança en silence à la faveur des buissons. Avec quelle impatience nous attendîmes son retour ! Au bout de quelques instants d'une incertitude cruelle, les cris de joie de cet homme vinrent faire renaître dans nos âmes l'espérance et la tranquillité. En ce moment quelques soldats égarés aussi s'approchèrent, en nous suppliant de leur donner de l'eau ; nous soupirions nous-mêmes pour en avoir. Une seule bouteille de vin, que j'avais toujours conservée en cas de malheur, ne pouvait être mieux employée; nous en bûmes la moitié; ensuite, nous consolant les uns les autres, nous nous résignâmes à passer la nuit avec nos compagnons d'infortune. Ce fut dans ce moment que M. Letorzec gagna une fièvre qui dura plusieurs mois. Le lendemain, au jour, nous partîmes pour rejoindre l'armée, campée à deux heures de là sur la rive du Nil. »

Le mélik de Fazoql ayant fait sa soumission, Ismayl, pour épargner ses villages, ne voulut pas que ses troupes les traversassent, car il n'était pas toujours en son pouvoir de maintenir le bon ordre. Caillaud témoigna le désir d'aller visiter le village de Fazoql; le pacha lui donna une escorte pour l'y conduire. « En traversant un village, dit le narrateur, j'appris que le mélik s'y trouvait; je lui fis dire qu'un officier du pacha désirait se rendre auprès de lui. J'entrai dans une cabane ordinaire, où je trouvai le mélik assis à l'orientale par terre sur une natte. C'était un bel homme, jeune, et d'une figure agréable; il était de race fungi, et avait le costume des méliks du Sennaar. Je remarquai avec surprise qu'il portait pour chaussure des sandales terminées en pointe recourbée comme nos patins, et tout à fait semblables à celles qui sont représentées dans les tombeaux des rois à Thèbes; il tenait sur ses genoux son sabre, dans lequel semblait consister toute sa magnificence : la garniture et la poignée étaient d'argent; ses doigts étaient garnis de plusieurs grosses bagues d'argent; il portait au cou des sachets en cuir renfermant quelques versets du Coran. Il avait des manières affables; il me dit qu'il allait voir le pacha, mais qu'il serait de retour le soir à Fazoql, et qu'il se ferait un plaisir de m'y recevoir.

« Continuant donc à longer le pied de la montagne, nous arrivâmes à Fazoql. Je m'étonnai qu'un village d'une aussi mince apparence donnât le nom à la province ou le reçût d'elle; comme ceux que nous avions déjà vus, c'est un ramas de cabanes circulaires. Je n'eus donc pas lieu d'être satisfait de ma course.

« Lorsque le mélik fut arrivé, il nous envoya pour souper quelques plats de pâte de dourra, du miel et du lait; il me fit dire qu'il se proposait de me voir le lendemain matin.

« Au jour, j'allai trouver le mélik dans son palais, qui consistait en quelques cabanes de forme ronde, plus ou moins grandes, et entourées de murs. Je le trouvai assis sur un petit siége; il m'en fit apporter un semblable, avec une pipe et du café. Tout son conseil était devant nous; il s'y trouvait des fakirs, dont il me vanta l'érudition. J'obtins d'eux quelques renseignements sur le pays, mais aucun ne connaissait seulement le nom de Timbouctou, ni le fleuve Blanc; personne du pays n'avait même songé à voyager de ce côté-là. Ce fleuve, à ce qu'il paraît, s'écarte beaucoup dans l'ouest.

« Je me montrai tout aussi généreux envers le

mélik Hassan que je l'avais été jusque-là à l'égard des autres personnages de son rang, c'est-à-dire que je lui donnai quelques allumettes oxygénées et une petite fiole d'acide sulfurique. Il en fit lui-même l'essai à plusieurs reprises, et son étonnement était au comble; je crois que rien au monde n'eût pu lui faire autant de plaisir que mon modeste cadeau. Enfin, je le quittai pour retourner au camp. »

Le 18 janvier, nos voyageurs manquèrent de perdre en un instant tout le fruit de leurs travaux. « La route que nous suivions, dit Caillaud, était coupée par une multitude de torrents qu'on ne franchissait point sans des peines infinies; quelque mauvais que fussent les chemins que nous avions parcourus jusque-là, nous n'en avions point encore rencontré d'aussi détestables; sans cesse il fallait monter et descendre des coteaux et des monticules couverts d'arbres; le passage des ravins surtout était funeste pour les chameaux; on ne voyait sur la route qu'animaux et bagages laissés à l'abandon; le pacha lui-même n'avait plus un seul bon cheval; celui qu'il montait s'abattit plusieurs fois dans la journée; nous fûmes contraints de laisser là un chameau, une partie de sa charge et la mule de M. Letorzec; il monta sur le dromadaire portant mes papiers et mes dessins; mais l'animal, épuisé lui-même de fatigue, se coucha; en vain nous employâmes tous les moyens pour le faire relever, nous ne pûmes y réussir. L'endroit du bois où nous

nous trouvions était couvert d'arbustes en partie morts et d'herbes sèches; par suite d'une de ces imprudences si familières à nos compagnons, le feu prit à peu de distance de nous. Bientôt l'embrasement est près de nous atteindre; je me résous à perdre le dromadaire, mais je veux sauver sa charge, elle renferme tous mes papiers. Quel parti prendre? Nous n'avions rien sous la main pour couper les cordes et les courroies qui la retenaient; dans le trouble qui nous presse, nous faisons des efforts inutiles pour les délier; c'en est fait, le fruit de tant de peines et de périls va devenir la proie des flammes! On nous crie de nous sauver, je ne puis me résigner encore à faire un si pénible sacrifice, mais déjà la chaleur nous brûle la figure, nous sentons les atteintes du feu, il faut nous éloigner, ma douleur est au comble, je pousse un cri de désespoir... Cependant notre chameau, se sentant brûler, se lève, s'élance, court hors du feu et retombe à quelque distance. Nous nous précipitons sur lui, nous arrachons enfin sa charge, et nous la plaçons sur mon cheval, que je tire par la bride et que M. Letorzec pousse par derrière; nous avançons, mais le vent chasse les flammes de notre côté, elles vont nous atteindre encore; nous sommes glacés de terreur et d'effroi!... notre position est horrible!... Enfin, ô bonheur inespéré! les arbres s'éclaircissent devant nous, nous sortons du bois..., nous sommes sauvés! Épuisés de lassitude, respirant à peine, nous nous couchons par terre pour reprendre nos sens, nous tournons la tête involontairement vers le lieu où nous venions de courir de si grands dangers...; nouveaux sujets d'alarmes! nous n'apercevons plus personne. Où sont les troupes? l'embrasement les a-t-il contraintes à prendre une autre direction? Nous demeurions anéantis sans oser nous communiquer les sinistres pensées qui nous obsédaient, lorsque la vue de plusieurs soldats qui débouchaient de ce lieu maudit vint faire renaître le calme dans nos cœurs.

« J'obtins, à force d'argent, de faire placer sur un de leurs chameaux la charge de mon cheval, qui ne pouvait plus se soutenir; ils nous donnèrent un peu d'eau qui répara nos forces, et, à peine remis des cruelles émotions que nous venions d'éprouver, nous continuâmes notre route à pied avec eux, et une heure après nous arrivâmes à l'endroit où les troupes avaient déjà établi leur camp. »

Nous l'avons dit, le seul but de l'expédition d'Ismayl était la recherche de l'or, qu'il croyait devoir trouver en abondance, surtout dans la province de Quamaamyl, lieu où les indigènes étaient censés avoir leurs exploitations. Lorsqu'on fut dans cette province, Caillaud fut chargé de visiter les puits; il rencontra bien des sables aurifères, mais ils étaient peu riches en métal, et le pacha, trompé dans son ambition, voulut s'avancer encore plus vers le sud, espérant être plus heureux; mais à Singué il reçut des nouvelles de Sennaar qui lui faisaient craindre une insurrection; et comme il était déjà harcelé de tous côtés par les tribus nègres de Bertaat, le 10 février il donna ordre de rétrograder. « Cette nouvelle, que je m'empressai de porter à M. Letorzec, ne l'émut que faiblement; toujours persuadé qu'il ne reverrait plus la France, il ne songeait en ce moment qu'aux fatigues du long trajet qu'il aurait encore à faire sur ce sol étranger. La fièvre le consumait de plus en plus, sans que je pusse lui procurer le moindre soulagement; aucun remède ne semblait agir sur lui. Quant à moi, vainqueur des fatigues et de l'influence des climats divers, j'oubliais, comme le conquérant Ismayl, que nous avions franchi un espace de huit cents lieues au delà d'Alexandrie; mais comme lui aussi je devais reconnaître que la Providence avait placé ici une barrière qu'il nous était interdit de dépasser. Eh! ne devais-je donc pas m'estimer heureux d'avoir pu atteindre jusqu'au 10° de latitude; d'être, avec mon infortuné compagnon de voyage, les seuls de nos contemporains d'Europe qui eussions étendu nos recherches jusqu'aux confins méridionaux de l'Abyssinie? Avant de quitter Singué, je voulus que mes regards au moins parcourussent, aussi loin qu'ils pourraient s'étendre, les régions dont l'inexorable destin nous interdisait l'accès : je montai sur une éminence, et là, avec ma longue-vue, je cherchai à découvrir le lieu où mon imagination plaçait les sources du fleuve Blanc; efforts inutiles! Cessant alors de contempler l'horizon, qui ne m'offrait qu'un amas confus de vapeurs, je gravai profondément sur le roc le nom de la France. »

Caillaud avait eu plus d'une fois l'occasion d'observer les Arabes de la Nubie et du Sennaar; il en retrouva encore dans le Fazoql, et voici ce qu'il dit sur ces peuplades intéressantes : « Partout ces Arabes sont intelligents et laborieux; ceux de la presqu'île de Sennaar se livrent avec activité au commerce; ce sont eux qui se procurent de première main la gomme, l'ivoire, les plumes d'autruche, le tamarin et autres marchandises. Ils sont doux, laborieux, et supportent avec constance les fatigues des fréquents voyages qu'ils font pour acheter et pour vendre. Les Arabes du Fazoql voyagent ordinairement sur des bœufs qui portent aussi leurs marchandises; ils leur attachent une bride au nez, et les stimulent à l'aide d'un bâton garni d'un aiguillon au bout. Leur armement consiste dans la lance et le bouclier en losange, en peau de girafe. Ils ont à la main une houlette ou petit bâton recourbé par une de ses extrémités. Ces nomades font une chasse assidue aux girafes, aux rhinocéros, qui sont rares, et aux éléphants; ils prennent ces derniers comme au Sennaar, en les faisant tomber dans des piéges. Quant aux autruches, ils dressent des chiens qui les poursuivent et les fatiguent à la course; le cavalier qui les suit, saisit l'animal lorsqu'il tombe de lassitude. »

Le 18 février, Caillaud et Letorzec se séparèrent du pacha, et, pendant que le prince revenait au Sennaar par terre, ils s'embarquèrent sur le Nil. « Entraînés par le courant et par l'impulsion des rames, nous fendions avec rapidité la surface des eaux; l'agitation que produisait le battement cadencé des avirons, le bruit des chants joyeux de nos Arabes, portaient le trouble jusqu'au fond des retraites humides des hippopotames alarmés, qui sortaient par troupes sur notre passage, en faisant entendre de longs mugissements; les singes, les pintades semblaient exprimer, par leurs postures et par leurs cris, la surprise qu'ils éprouvaient à la vue d'un spectacle jusque alors inconnu dans ces solitudes.

« Le 20, notre barque se trouva engagée dans une cataracte dont les rochers, ne laissant entre eux qu'une passe de trente pieds, s'élevaient de plus de douze pieds au-dessus des eaux. Quinze hommes, sautant de rocher en rocher, maintenaient notre embarcation à l'aide de deux cordages, et l'empêchaient de céder à la violence du courant. Nous n'avions pas, au premier coup d'œil jugé ce passage très-dangereux, et cependant nous fûmes à la veille d'éprouver ici le sort dont Mungo-Park avait été victime sur le Niger. Après avoir circulé péniblement pendant une demi-heure à travers les détours de ce dédale périlleux, la barque toucha rudement contre une roche; la proue fut brisée par le choc. On visita l'intérieur, et, pour ne point s'effrayer l'un de l'autre, on assura que le dommage était peu de chose. On continua donc de manœuvrer, mais il s'était à peine écoulé un quart d'heure lorsqu'on s'aperçut que la barque se remplissait d'eau à l'arrière. Les Arabes ne sont point gens à montrer du calme et du sang-froid dans le danger. A l'instant, ce furent des cris, une confusion, un tumulte général; les uns jetaient à la hâte et pêle-mêle sur les roches tout ce qui tombait sous leurs mains; les autres s'efforçaient d'épuiser l'eau qui envahissait toute l'embarcation. Je me précipitai, moi, sur les bissacs où j'avais renfermé les cartons qui contenaient mes dessins; il était temps, déjà l'eau les avait effleurés. Naguère je les avais disputés aux flammes, cette fois je réussis à les arracher à un élément non moins redoutable pour eux; il n'en fut pas de même de quelques-uns de mes effets qui furent perdus ou gâtés. Enfin on parvint à étancher la voie d'eau en la calfatant le mieux possible, et l'on replaça les effets sur la barque; mais je ne voulus y rentrer moi-même que lorsque je serais sûr qu'elle n'était plus en danger de couler; en conséquence, je me mis à courir d'un rocher à l'autre, nos cartons sous les bras, et résolu à gagner de la sorte la fin de la cataracte. Cependant l'escarpement des rochers et leur conformation ne me permettant plus bientôt d'aller en avant, je fus contraint de me rembarquer malgré moi. Les rameurs avaient retourné la barque sens devant derrière, et dix-huit d'entre eux la contenaient de tous leurs efforts dans les pentes rapides. Grâce à Dieu, après beaucoup de temps et des peines inouïes, nous atteignîmes l'extrémité de cette forêt de rochers qui encombre le fleuve sur une demi-lieue d'étendue. »

Le 26, les voyageurs s'arrêtèrent à la ville de Sennaar, d'où ils partirent le 1er mars suivant; jusqu'à Chendy ils suivirent la même route que Bruce, et le seul reproche que Caillaud adresse à son devancier, c'est d'être passé devant des ruines remarquables sans les examiner, et encore l'excuse-t-il en faisant observer qu'absent depuis longtemps de sa patrie, il avait hâte d'accélérer son retour.

Nous avons assez longtemps parlé de Chendy et de ses habitants pour n'avoir pas besoin de revenir sur ce sujet; nous citerons seulement la manière dont les naturels font la chasse aux crocodiles et aux hippopotames. « Quelques Arabes, dit-il, se livrent à la chasse du crocodile, sur les grèves qui bordent le lit du fleuve et sur les îles. Dans les basses eaux, ces hommes, qui connaissent les endroits où les crocodiles ont coutume de venir respirer, y élèvent de petites murailles en terre de deux à trois pieds de haut; au sortir du fleuve, les animaux viennent s'abriter derrière elles et s'y endorment. Lorsque les Arabes en aperçoivent un dans cette position, l'un d'eux s'approche à petit bruit de peur de l'éveiller, et se tenant à couvert derrière le retranchement, lui enfonce dans la gueule ou dans le côté du cou, au défaut des os de la tête et des écailles, un dard en forme d'hameçon emmanché au bout d'une hampe, autour de laquelle est roulée une longue corde; si le monstre vorace ne meurt pas du coup et regagne le fleuve, le harponneur lui file la corde jusqu'à ce qu'il soit affaibli, après quoi on le retire du fond de l'eau. La peau des crocodiles est employée pour faire des boucliers. Quelques indigènes en mangent la chair, qui se vend à Sennaar et à Chendy. Elle est d'un blanc sale, et a une forte odeur de musc.

« Dans la Nubie, comme en Égypte, il y a des lieux où les crocodiles abondent plus que dans d'autres. On les regarde à Barbar comme peu redoutables; on les craint, au contraire, beaucoup à Chendy. En général, on peut conjecturer qu'ils ne fréquentent que rarement les parties du fleuve où ses rives trop élevées ne permettent point d'aller respirer à terre. On a pu faire la même remarque à l'égard de l'hippopotame; ce quadrupède, dans le haut Nil, m'a paru plus commun que le crocodile, ce qui pourrait confirmer l'opinion souvent émise qu'il fait une guerre à mort à ce dernier. Pour le prendre, on tend, la nuit, des filets. La lance et même la balle ne peuvent le blesser qu'au-dessus de l'oreille ou sous les aisselles. La peau est employée à divers usages, et surtout pour faire des espèces de fouets nommés *combaches.* »

La fièvre continuait à tourmenter M. Letorzec ; il ne pouvait suivre son ami dans ses explorations des ruines dont Chendy est environné, et il se sépara de lui ; il partit pour l'Égypte, tandis que Caillaud enrichissait son voyage d'une foule de dessins curieux, et revoyait les ruines qui, selon lui, sont celles de Méroë. A cette occasion, il se livre à une discussion scientifique sur la position de cette île fameuse, et adopte complétement l'opinion de Bruce. Sa curiosité satisfaite, il se mit en route pour le Barbar le 5 avril, et le 28 du même mois il se trouvait de nouveau au milieu des pyramides du mont Barkal, où il a cru retrouver l'antique Napata. Quinze jours furent employés à l'étude de ces monuments, dont il donne des descriptions détaillées.

Enfin, après une nouvelle visite à Ebsambol, Caillaud, qui avait rejoint M. Letorzec, entra le 25 juin à Syène ; le lendemain il remontait le fleuve, et quelques jours après, observateur infatigable, il parcourait Thèbes et ses ruines, et découvrait des objets curieux, même après les nombreux et savants voyageurs qui ont décrit ces magnifiques restes de l'antiquité. Le 8 octobre, les voyageurs arrivèrent au Caire ; ils en partirent le 28, et après une traversée où ils faillirent périr, ils débarquèrent le 11 décembre à Marseille, où ils apprirent le triste sort d'Ismayl-Pacha. « L'affliction que me causait le sort funeste d'un jeune prince à qui je devais beaucoup de reconnaissance, dit M. Caillaud dans la préface de son livre, m'empêcha de me féliciter de l'accroissement d'importance qu'allait acquérir par là le fruit de mes travaux; de longtemps, en effet, nul voyageur ne pouvait se promettre de parcourir ces régions avec les mêmes facilités qu'un heureux hasard m'avait offertes. »

La liaison de Caillaud avec Ismayl n'aura pas été infructueuse, car, nous n'en doutons pas, c'est dans ses entretiens avec notre compatriote que le jeune prince avait puisé la grande pensée de remonter le Nil Blanc jusqu'à sa source, pensée qu'il a réussi a faire partager à son père. Plus d'une fois le noble cœur de M. Caillaud aura palpité de regret de ne pouvoir accompagner la gigantesque expédition envoyée par Mohammed-Ali vers les sources mystérieuses du Nil; si, avec de semblables moyens, on ne le découvre pas, qui pourra désormais se flatter de l'espoir d'y parvenir?

FIN.

TABLE

Tours, imp. Mame.

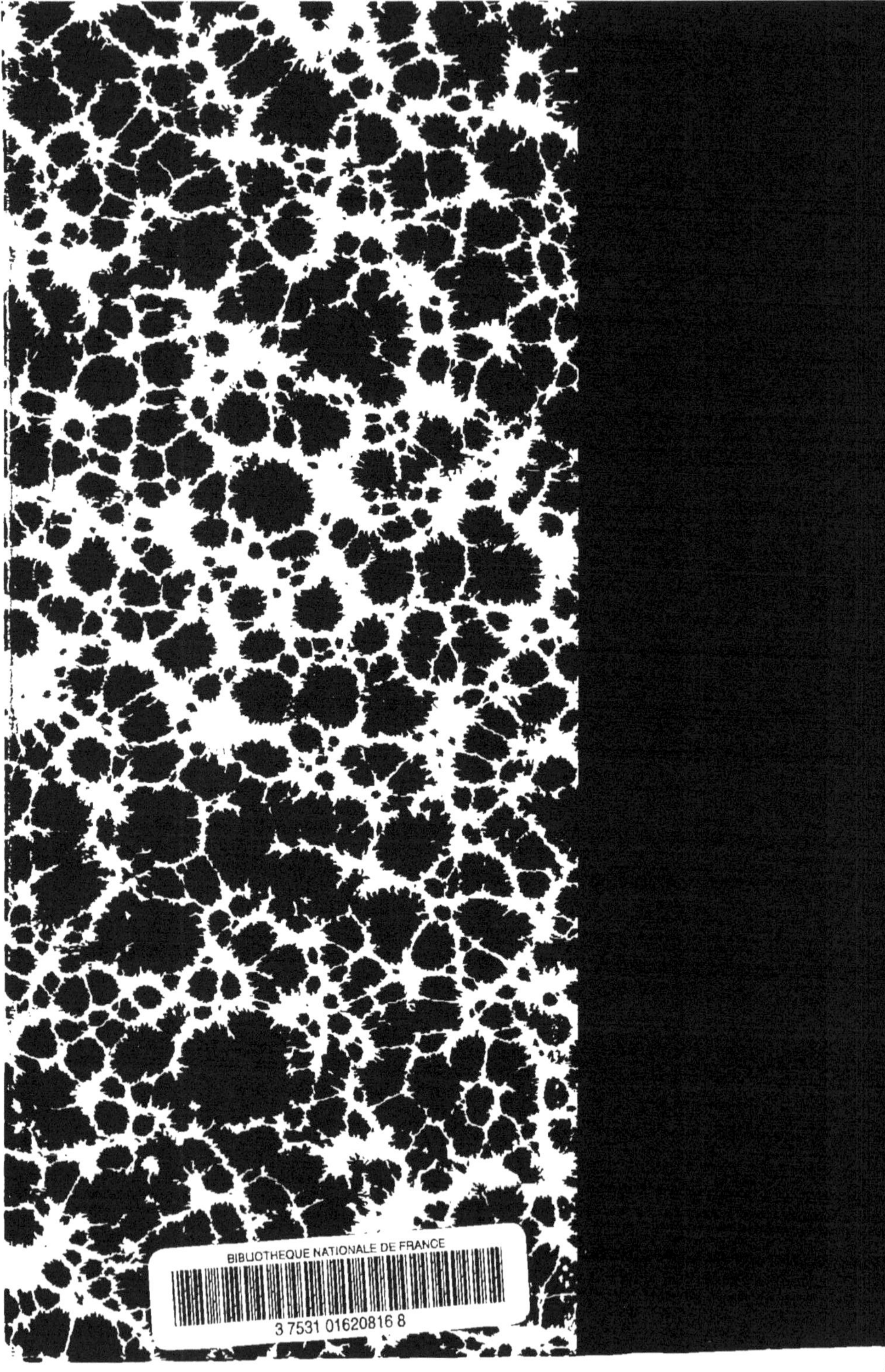

www.ingramcontent.com/pod-product-compliance
Ingram Content Group UK Ltd.
Pitfield, Milton Keynes, MK11 3LW, UK
UKHW020436200726
13857UKWH00002B/449